21世纪高等学校计算机规划教材

21st Century University Planned Textbooks of Computer Science

大学计算机应用基础
（Windows 7+Office 2010）

University Computer Foundation (Windows7+Office2010)

杜文博 史家银 朱原良 主编

U0341664

高校系列

人民邮电出版社

北 京

图书在版编目（ＣＩＰ）数据

大学计算机应用基础：Windows 7+Office 2010 / 杜文博，史家银，朱原良主编. -- 北京：人民邮电出版社，2015.9
21世纪高等学校计算机规划教材. 高校系列
ISBN 978-7-115-39485-9

Ⅰ. ①大… Ⅱ. ①杜… ②史… ③朱… Ⅲ. ①Windows操作系统－高等学校－教材②办公自动化－应用软件－高等学校－教材 Ⅳ. ①TP316.7②TP317.1

中国版本图书馆CIP数据核字(2015)第166364号

内 容 提 要

本书主要介绍计算机的基础知识和常用软件，包括计算机基础知识、计算机系统概述、Windows 7 中文版、Word 2010 中文版、Excel 2010 中文版、PowerPoint 2010 中文版、互联网基础知识与应用等。

本书按照教育部考试中心全国计算机等级考试（NCRE）2013 年考试大纲编写而成。在结构上，既注重系统性，又注重完整性；在内容安排上，既注重理论，又注重实践；在编写风格上，既简洁明了，又案例丰富。

本书适合作为普通高等院校、成人及民办院校相关课程的教材，还可作为计算机初学者的自学参考书。

◆ 主　　编　杜文博　史家银　朱原良
责任编辑　范博涛
责任印制　杨林杰

◆ 人民邮电出版社出版发行　　北京市丰台区成寿寺路 11 号
邮编　100164　电子邮件　315@ptpress.com.cn
网址　http://www.ptpress.com.cn
北京鑫正大印刷有限公司印刷

◆ 开本：787×1092　1/16
印张：14　　　　　　　　2015 年 9 月第 1 版
字数：347 千字　　　　　2015 年 9 月北京第 1 次印刷

定价：30.00 元

读者服务热线：(010)81055256　印装质量热线：(010)81055316
反盗版热线：(010)81055315

前 言 PREFACE

随着计算机技术和网络技术的快速发展和广泛应用，计算机逐渐成为人们学习、工作和生活中不可或缺的工具。掌握计算机的基础知识和基本操作，已成为当今社会相关从业人员必须具备的能力。

高等院校担负着培养社会综合型人才的重任，"计算机应用基础"是学校各专业的公共基础课，该课程要求学生掌握计算机的基本知识，熟练使用常用计算机软件，以为其学习后续课程及将来从事各项工作打下坚实的基础。

我们根据计算机基础教学的特点，精心组织了本书的内容，既考虑了各方面知识的系统性和完整性，又突出了对重点和难点内容的介绍；既考虑了基本知识和理论，又兼顾了实际操作和应用。

在本书编写过程中充分考虑了教师和学生的实际需求，叙述简洁明了，案例经典恰当，使教师教起来方便，学生学起来实用。全书共分7章：第1章介绍计算机基础知识；第2章介绍计算机系统；第3章介绍 Windows 7 操作系统基础知识；第4章介绍 Word 2010 的使用；第5章介绍 Excel 2010 的使用；第6章介绍 PowerPoint 2010 的使用；第7章介绍互联网基础知识与应用。

本书由云南艺术学院杜文博、史家银、朱原良任主编，编者顺序按姓氏拼音排列。

由于作者水平有限，书中难免存在疏漏之处，敬请各位读者指正。

编　者
2015 年 5 月

目 录 CONTENTS

第1章 计算机基础知识 1

第2章 计算机系统概述 16

第3章 Windows 7操作系统基础知识 26

2

PART 1

第 1 章
计算机基础知识

1.1 计算机的概述

　　计算机（Computer）俗称电脑，是 20 世纪最伟大的科学技术发明之一。

　　计算机是一种能够按照程序运行，自动、高速处理海量数据的现代化智能电子设备。由硬件系统和软件系统所组成，没有安装任何软件的计算机称为裸机。计算机一般可分为超级计算机、工业控制计算机、网络计算机、个人计算机、嵌入式计算机 5 类，较先进的计算机有生物计算机、光子计算机、量子计算机等。

1.1.1 计算机的发展过程

　　1946 年 2 月 14 日，由美国军方定制的世界上第一台电子计算机"电子数字积分计算机"（ENIAC，Electronic Numerical And Calculator）在美国宾夕法尼亚大学问世，如图 1-1 所示。ENIAC（中文名：埃尼阿克）是美国奥伯丁武器试验场为了满足计算弹道需要而研制成的，这台计算器使用了 17 840 支电子管，大小为 80 英尺×8 英尺，重达 28t（吨），功耗为 170kW，其运算速度为每秒 5000 次的加法运算，造价约为 487 000 美元。ENIAC 的问世具有划时代的意义，表明电子计算机时代的到来。在以后 60 多年里，计算机技术以惊人的速度发展，没有任何一门技术的性能价格比能在 30 年内增长 6 个数量级。

　　1946 年 6 月，美籍数学家冯·诺依曼（Von Neumann，见图 1-2）提出了一个利用"二进制"数进行"存储程序"的计算机设计方案，奠定了计算机的结构理论体系。这个方案确定：以二进制形式表示数据和指令，指令和数据同时存放在存储器中，计算机由运算器、控制器、存储器、输入设备和输出设备 5 部分组成。

图 1-1　世界上第一台计算机

图 1-2　冯·诺依曼

根据构成计算机主要元器件的不同，人们将计算机发展历程大致分为 4 个阶段。

1. 第一阶段：电子管数字计算机（1946 年—1958 年）

在硬件方面，逻辑元件采用真空电子管，主存储器采用汞延迟线、阴极射线示波管静电存储器、磁鼓、磁芯，外存储器采用磁带。软件方面采用机器语言、汇编语言。应用领域以军事和科学计算为主。特点是体积大、功耗高、可靠性差、速度慢（一般为每秒数千次至数万次）、价格昂贵，但为以后的计算机发展奠定了基础。

2. 第二阶段：晶体管数字计算机（1958 年—1964 年）

在硬件方面，逻辑元件采用晶体管，主存储器采用磁芯，外存储器采用磁盘。软件方面出现了以批处理为主的操作系统、高级语言及其编译程序。应用领域以科学计算和事务处理为主，并开始进入工业控制领域。特点是体积缩小、能耗降低、可靠性提高、运算速度提高（一般为每秒数 10 万次，可高达 300 万次）、性能比第 1 代计算机有很大的提高。

3. 第三阶段：集成电路数字计算机（1964 年—1970 年）

在硬件方面，逻辑元件采用中、小规模集成电路（MSI、SSI），主存储器仍采用磁芯。软件方面出现了分时操作系统以及结构化、规模化程序设计方法。特点是速度更快（一般为每秒数百万次至数千万次），而且可靠性有了显著提高，价格进一步下降，产品走向了通用化、系列化和标准化。应用领域开始进入文字处理和图形图像处理领域。

4. 第四阶段：大规模集成电路计算机（1970 年至今）

在硬件方面，逻辑元件采用大规模和超大规模集成电路（LSI 和 VLSI）。软件方面出现了数据库管理系统、网络管理系统和面向对象语言等。特点是 1971 年世界上第一台微处理器在美国硅谷诞生，开创了微型计算机的新时代，应用领域从科学计算、事务管理、过程控制逐步走向家庭。

在我国，计算机技术的发展深刻地影响着人们生产和生活。特别是随着微型处理器结构的微型化，计算机从之前的应用于国防军事领域开始向社会各个行业发展，如教育系统、商业领域、家庭生活等。计算机的应用在我国越来越广泛，改革开放以后，我国计算机用户的数量不断攀升，应用水平不断提高，特别是互联网、通信、多媒体等领域的应用取得了不错的成绩。

1.1.2　计算机的发展趋势

计算机从出现至今，经历了机器语言、程序语言、简单操作系统和 Linux、Macos、BSD、Windows 等现代操作系统四代，运行速度也得到了极大的提升，第四代计算机的运算速度已经达到每秒几十亿次。计算机也由原来的仅供军事科研使用发展到人人拥有，计算机强大的应用功能，产生了巨大的市场需要，未来计算机性能应向着微型化、网络化、智能化和巨型化的方向发展。

1. 巨型化

巨型化是指为了适应尖端科学技术的需要，发展高速度、大存储容量和功能强大的超级计算机。随着人们对计算机的依赖性越来越强，特别是在军事和科研教育方面对计算机的存储空间和运行速度等要求会越来越高。此外计算机的功能更加多元化。

2. 微型

随着微型处理器（CPU）的产生，计算机中开始使用微型处理器，使计算机体积缩小了，成本降低了。另一方面，软件行业的飞速发展提高了计算机内部操作系统的便捷度，计算机外部设备也趋于完善。计算机理论和技术上的不断完善促使微型计算机很快渗透到全社会的各个行业和部门中，并成为人们生活和学习的必需品。近四十年来，计算机的体积不断缩小，台式电脑、笔记本电脑、掌上电脑、平板电脑体积逐步微型化，为人们提供便捷的服务。因此，未来计算机仍会不断趋于微型化，体积将越来越小。

3. 网络化

互联网将世界各地的计算机连接在一起，从此人们进入了互联网时代。计算机网络化彻底改变了人类世界，人们通过互联网进行沟通、交流（OICQ、微博等），实现教育资源共享（文献查阅、远程教育等）、信息查阅共享（百度、谷歌）等，特别是无线网络的出现，极大地提高了人们使用网络的便捷性，未来计算机将会进一步向网络化方面发展。

4. 人工智能化

计算机人工智能化是未来发展的必然趋势。现代计算机具有强大的功能和运行速度，但与人脑相比，其智能化和逻辑能力仍有待提高。人类在不断探索如何让计算机能够更好地反应人类思维，使计算机能够具有人类的逻辑思维判断能力，可以通过思考与人类沟通交流，抛弃以往的依靠通过编码程序来运行计算机的方法，直接对计算机发出指令。

5. 多媒体化

传统的计算机处理的信息主要是字符和数字。事实上，人们更习惯的是图片、文字、声音、影像等多种形式的多媒体信息。多媒体技术可以集图形、图像、音频、视频、文字为一体，使信息处理的对象和内容更加接近真实世界。

1.1.3　计算机的特点与性能指标

1. 计算机的特点

（1）运算速度快

计算机内部的运算是由数字逻辑电路组成，可以高速准确地完成各种算术运算。当今计算机系统的运算速度已达到每秒万亿次，微机也可达每秒亿次以上，使大量复杂的科学计算问题得以解决。例如：卫星轨道的计算、大型水坝的计算、24 小时天气预报的计算等，过去人工计算需要几年、几十年，而在现代社会里，用计算机只需几天甚至几分钟就可完成。

（2）计算精确度高

科学技术的发展特别是尖端科学技术的发展，需要高度精确的计算。计算机控制的导弹之所以能准确地击中预定的目标，是与计算机的精确计算分不开的。一般计算机可以有十几位甚至几十位（二进制）有效数字，计算精度可由千分之几到百万分之几，是任何计算工具所望尘莫及的。

（3）逻辑运算能力强

计算机不仅能进行精确计算，还具有逻辑运算功能，能对信息进行比较和判断，并能根据判断的结果自动执行下一条指令以供用户随时调用。

（4）存储容量大

计算机内部的存储器具有记忆特性，可以存储大量的信息，计算机能把参加运算的数据、程序及中间结果和最后结果保存起来。这些信息，包括各类数据信息，还包括加工这些数据的程序。

（5）自动化程度高

由于计算机具有存储记忆能力和逻辑判断能力，所以人们可以将预先编好的程序组纳入计算机内存，在程序控制下，计算机可以连续、自动地工作，不需要人的干预。

2．计算机的性能指标

计算机功能的强弱或性能的好坏，不是由某项指标决定的，而是由它的系统结构、指令系统、硬件组成、软件配置等多方面的因素综合决定的。对于大多数普通用户来说，可以从以下几个指标来大体评价计算机的性能。

（1）运算速度

运算速度是衡量计算机性能的一项重要指标。通常所说的计算机运算速度（平均运算速度），是指每秒钟所能执行的指令条数，一般用"百万条指令/秒"（mips，Million Instruction Per Second）来描述。同一台计算机，执行不同的运算所需时间可能不同，因而对运算速度的描述常采用不同的方法。常用的有 CPU 时钟频率（主频）、每秒平均执行指令数（ips）等。微型计算机一般采用主频来描述运算速度，如 Pentium/133 的主频为 133 MHz，PentiumⅢ/800 的主频为 800 MHz，Pentium 4 1.5G 的主频为 1.5 GHz。一般说来，主频越高，运算速度就越快。

（2）字长

计算机在同一时间内处理的一组二进制数称为一个计算机的"字"，而这组二进制数的位数就是"字长"。在其他指标相同时，字长越大计算机处理数据的速度就越快。早期的微型计算机的字长一般是 8 位和 16 位。目前 586（Pentium，Pentium Pro，PentiumⅡ，PentiumⅢ，Pentium 4）大多是 32 位，现在的大多数计算机都是 64 位的了。

（3）内存储器的容量

内存储器，也简称主存，是 CPU 可以直接访问的存储器，需要执行的程序与需要处理的数据就是存放在主存中的。内存储器容量的大小反映了计算机即时存储信息的能力。随着操作系统的升级，应用软件的不断丰富及其功能的不断扩展，人们对计算机内存容量的需求也不断提高。目前，运行 Windows XP 需要 128 M 以上的内存容量；运行 Windows 7 需要 512 M 以上的内存容量。内存容量越大，系统功能就越强大，能处理的数据量就越庞大。

（4）外存储器的容量

外存储器容量通常是指硬盘容量（包括内置硬盘和移动硬盘）。外存储器容量越大，可存储的信息就越多，可安装的应用软件就越丰富。目前，硬盘容量一般为 10 ~ 60 GB，有的甚至已达到 120 GB。

除了上述这些主要性能指标外，微型计算机还有其他一些指标，如所配置外围设备的性能指标、所配置系统软件的情况等。另外，各项指标之间也不是彼此孤立的，在实际应用时，应该把它们综合起来考虑。

1.1.4　计算机在现代社会的用途与应用领域

1．计算机在现代社会中的用途

在现代社会，计算机已广泛应用到军事、科研、经济、文化等各个领域，成为人们不可缺少的好帮手。

在科研领域，人们使用计算机进行各种复杂的运算及大量数据的处理，如卫星飞行的轨迹、天气预报中的数据处理等。 在学校和政府机关，每天都涉及大量数据的统计与分析，有了计算机，工作效率就大大提高了。

在工厂，计算机为工程师们在设计产品时提供了有效的辅助手段。现在，人们在进行建筑设计时，只要输入有关的原始数据，计算机就能自动处理并绘出各种设计图纸。

在生产中，用计算机控制生产过程的自动化操作，如温度控制、电压电流控制等，从而实现自动进料、自动加工产品和自动包装产品等。

2.计算机的应用领域

信息管理是以数据库管理系统为基础，辅助管理者提高决策水平，改善运营策略的计算机技术。信息处理具体包括数据的采集、存储、加工、分类、排序、检索和发布等一系列工作。信息处理已成为当代计算机的主要任务，是现代化管理的基础。据统计，80%以上的计算机主要应用于信息管理，成为计算机应用的主导方向。信息管理已广泛应用与办公自动化、企事业计算机辅助管理与决策、情报检索、图书管理、电影电视动画设计、会计电算化等各行各业。

计算机的应用已渗透到社会的各个领域，正在日益改变着传统的工作、学习和生活的方式，推动着社会的发展。其主要应用领域为如下几个方面。

（1）科学计算

科学计算是计算机最早的应用领域，是指利用计算机来完成科学研究和工程技术中提出的数值计算问题。在现代科学技术工作中，科学计算的任务是大量的和复杂的。利用计算机的运算速度高、存储容量大和连续运算的能力，可以解决人工无法完成的各种科学计算问题。例如，工程设计、地震预测、气象预报、火箭发射等都需要由计算机承担庞大而复杂的计算量。

（2）过程控制

过程控制是利用计算机实时采集数据、分析数据，按最优值迅速地对控制对象进行自动调节或自动控制。采用计算机进行过程控制，不仅可以大大提高控制的自动化水平，还可以提高控制的时效性和准确性，从而改善劳动条件、提高产量及合格率。因此，计算机过程控制已在机械、冶金、石油、化工、电力等部门得到广泛的应用。

（3）辅助技术技术

计算机辅助技术包括 CAD、CAM 和 CAI。

● 计算机辅助设计（Computer Aided Design，简称 CAD）

计算机辅助设计是利用计算机系统辅助设计人员进行工程或产品设计，以实现最佳设计效果的一种技术。CAD 技术已应用于飞机设计、船舶设计、建筑设计、机械设计、大规模集成电路设计等。采用计算机辅助设计，可缩短设计时间，提高工作效率，节省人力、物力和财力；更重要的是提高了设计质量。

● 计算机辅助制造（Computer Aided Manufacturing，简称 CAM）

计算机辅助制造是利用计算机系统进行产品的加工控制过程，输入的信息是零件的工艺路线和工程内容，输出的信息是刀具的运动轨迹。将 CAD 和 CAM 技术集成，可以实现设计产品生产的自动化，这种技术被称为计算机集成制造系统。有些国家已把 CAD 和计算机辅助制造（Computer Aided Manufacturing）、计算机辅助测试（Computer Aided Test）及计算机辅助工程（Computer Aided Engineering）组成一个集成系统，使设计、制造、测试和管理有机地组成为一体，形成高度的自动化系统，因此产生了自动化生产线和"无人工厂"。

● 计算机辅助教学（Computer Aided Instruction，简称 CAI）

计算机辅助教学是利用计算机系统进行课堂教学。教学课件可以用 PowerPoint 或 Flash 等制作。CAI 不仅能减轻教师的负担，还能使教学内容生动、课件形象逼真，能够动态演示实验原理或操作过程激发学生的学习兴趣，提高教学质量，为培养现代化高质量人才提供了有效方法。

其他计算机辅助系统：利用计算机作为工具辅助产品测试的计算机辅助测试（CAT）；利用计算机对学生的教学、训练和对教学事务进行管理的计算机辅助教育（CAE）；利用计算机对文字、图像等信息进行处理、编辑、排版的计算机辅助出版系统（CAP）等。

（4）计算机翻译

1947 年，美国数学家、工程师沃伦·韦弗与英国物理学家、工程师安德鲁·布思提出了以计算机进行翻译（简称"机译"）的设想，机译从此步入历史舞台，并走过了一条曲折而漫长的发展道路。机译被列为 21 世纪世界十大科技难题。与此同时，机译技术也拥有巨大的应用需求。

机译消除了不同文字和语言间的隔阂，堪称高科技造福人类之举。但机译的译文质量长期以来一直是个难题，其现有成就离理想目标仍相差甚远。中国数学家、语言学家周海中教授认为，在人类尚未明了大脑是如何进行语言的模糊识别和逻辑判断的情况下，机译要想达到"信、达、雅"的程度是不可能的。这一观点恐怕道出了制约译文质量的瓶颈所在。

（5）人工智能

人工智能（Artificial Intelligence，简称 AI）是指计算机模拟人类某些智力行为的理论、技术和应用，诸如感知、判断、理解、学习、问题的求解和图像识别等。人工智能是计算机应用的一个新的领域，这方面的研究和应用正处于发展阶段，在医疗诊断、定理证明、模式识别、智能检索、语言翻译、机器人等方面，已有了显著的成效。例如，用计算机模拟人脑的部分功能进行思维学习、推理、联想和决策，使计算机具有一定"思维能力"。我国已开发成功一些中医专家诊断系统，可以模拟名医给患者诊病开方。

（6）多媒体应用

随着电子技术特别是通信和计算机技术的发展，人们已经有能力把文本、音频、视频、动画、图形和图像等各种媒体综合起来，构成一种全新的概念——"多媒体"（Multimedia）。在医疗、教育、商业、银行、保险、行政管理、军事、工业、广播、交流和出版等领域中，多媒体的应用发展很快。

1.1.5　现代计算机的主要类型

通常，人们用"分代"来表示计算机在纵向的历史中的发展情况，而用"分类"来表示计算机在横向的地域上的发展、分布和使用情况。我国计算机界以往常把计算机分成巨、大、中、小、微 5 个类别。目前国内外多数书刊也采用国际上通用的分类方法，根据美国电气和电子工程师协会（IEEE）1989 年提出的标准来划分的，即把计算机分成巨型机、小巨型机、大型主机、小型主机、工作站和个人计算机等 6 类。

（1）巨型机（Supercomputer）

巨型机也称为超级计算机（见图 1-3），在所有计算机类型中其占地最大，价格最贵，功能最强，其浮点运算速度最快（1998 年达到每秒 3.9 万亿次，只有少数国家的几家公司能够生产。目前多用于战略武器（如核武器和反导武器）的设计、空间技术、

图 1-3　超级计算机

石油勘探、中长期天气预报及社会模拟等领域。巨型机的研制水平、生产能力及其应用程度，

已成为衡量一个国家经济实力和科技水平的重要标志。

（2）小巨型机（Minisupercomputer）

这是小型超级电脑或称桌上型超级计算机，出现于 20 世纪 80 年代中期，功能低于巨型机，速度能达到每秒 1 万亿次，价格也只有巨型机的十分之一。

（3）大型主机（Mainframe）

大型机或称作大型电脑，覆盖国内通常说的大、中型机。其特点是大型、通用，内存可达 1 024KMB 以上，整机处理速度高达 300～750MIPS，具有很强的处理和管理能力，主要用于大银行、大公司、规模较大的高校和科研院所。在计算机向网络化发展的当前，大型主机仍有其生存空间。

（4）小型机（Minicomputer）

小巨型机结构简单，可靠性高，成本较低，不需要经过长期培训即可维护和使用，对于广大的中小用户较为适用。

（5）工作站（Workstation）

工作站是介于 PC 和小型机之间的一种高档微机（是机器而不是地方），运算速度快，具有较强的联网的功能，用于特殊领域，如图像处理、计算机辅助设计等。它与网络系统中的"工作站"，在用词上相同，而含义不同。网络上的"工作站"泛指联网用户的结点，以区别于网络服务器，常常由一般的 PC 机充当。

（6）个人计算机（Personal Computer）

我们通常说的电脑、微机或计算机，一般指的就是 PC 机。它出现于 20 世纪 70 年代，以其设计先进（总是率先采用高性能的微处理器 MPU）、软件丰富、功能齐全、价格便宜等优势而拥有广大的用户，因而大大推动了计算机的普及应用。PC 机的主流是 IBM 公司在 1981 年推出的 PC 机系列及其众多的兼容机。可以这么说，PC 机无所不在，无所不用，除了台式机，还有膝上型、笔记本、掌上型、手表型等多种类型。

1.1.6 计算机与信息化技术发展的关系

随着电子技术特别是通信和计算机技术的发展，人们已经有能力把文本、音频、视频、动画、图形和图像等各种媒体综合起来，构成一种全新的概念——"多媒体"（Multimedia）。在医疗、教育、商业、银行、保险、行政管理、军事、工业、广播、交流和出版等领域中，多媒体的应用发展很快。

1.1.7 计算机的常见名词解析

1. 数据单位

（1）位（bit）

bit，音译为"比特"，是计算机内信息的最小容量单位。计算机中最直接、最基本的操作就是对二进制位的操作。一个二进制位可表示两种状态（0 或 1）。两个二进制位可表示四种状态（00，01，10，11）。位数越多，所表示的状态就越多。

（2）字节（Byte）

为了表示数据中的所有字符（字母、数字以及各种专用符号，大约有 256 个），需要用 7 位或 8 位二进制数。因此，人们选定 8 位为一个字节（Byte）通常用 B 表示。1 个字节由 8 个二进制数位组成，即 1B=8bit。

字节是计算机中用来表示存储空间大小的最基本的容量单位。例如，计算机内存的存储容量、磁盘的存储容量等都是以字节为单位表示的。一个字节可以存储一个字符，两个字节可以存储一个汉字。

除用字节为单位表示存储容量外，还可以用千字节（KB）、兆字节（MB）和千兆字节（GB）等表示存储容量。它们之间存在下列换算关系：

千字节　1 KB=2^{10}B=1 024B

兆字节　1 MB=2^{20}B=1 024KB

吉字节　1 GB=2^{30}B=1 024MB

太字节　1 TB=2^{40}B=1 024GB

例如：一台 Pentium 4 微机，内存容量为 256MB，外存储器软盘为 1.44MB，硬盘为 40GB。

内存容量=（256×1 024×1 024）B

软盘容量=（1.44×1 024×1 024）B

硬盘容量=（40×1 024×1 024×1 024）B

（3）字和字长

计算机处理数据时，一次存取、加工和传送的数据称为字。一个字通常由一个或若干个字节组成（通常取字节的整数倍）。字是计算机进行数据存储和数据处理的基本运算单位。

字长是计算机性能的重要标志，它是一个计算机字所包含的二进制位的个数。字长越长，计算机的数据处理速度越快。目前微型计算机的字长有 8 位、16 位、32 位和 64 位几种。例如，IBMPC/XT 字长 16 位，称为 16 位机。486，Pentium 微型机字长 32 位，称为 32 位机。目前高档微型计算机的字长已达到 64 位。

2. 运算速度

（1）CPU 时钟频率

计算机的操作在时钟信号的控制下分步执行，每个时钟信号周期完成一步操作，时钟频率的高低在很大程度上反映了 CPU 速度的快慢。如以目前 Pentium CPU 的微型计算机为例，其主频一般有 1.7GHz、2GHz、2.4GHz、3GHz 等档次。

（2）每秒平均执行指令数（I/S）

通常用 1s 内能执行的定点加减运算指令的条数作为 I/S 的值。目前，高档微机每秒平均执行指令数可达数亿条，而大规模并行处理系统 MPP 的 I/S 的值已能达到几十亿。

由于 I/S 单位太小，使用不便，实际中常用 MIPS（Million Instruction Per Second），即每秒执行百万条指令作为 CPU 的速度指标。

1.1.8　课后加油站

1. 考试重点分析

考生必须要掌握计算机的特点与性能指标、计算机的类型，了解计算机的发展阶段，了解计算机在现代社会中的用途。

2. 过关练习

练习 1：计算机的发展经历哪几个阶段？

练习 2：未来计算机的发展方向是怎样的？

练习 3：计算机有哪些特点？

练习 4：计算机的主要有哪些类型？

练习 5：计算机的主要应用在哪些领域？

练习6：第一台计算机诞生于哪一年？

练习7：未来计算机性能的方向是怎样的？

练习8：微型计算机的字长有哪几种？

1.2　数制与编码

1.2.1　数制与编码的含义

虽然计算机能极快地进行运算，但其内部并不像人类在实际生活中使用的十进制，而是使用只包含 0 和 1 两个数值的二进制。当然，人们输入计算机的十进制被转换成二进制进行计算，计算后的结果又由二进制转换成十进制，这都由操作系统自动完成，并不需要人们手工去做，学习汇编语言，就必须了解二进制（还有八进制、十六进制）。

数制也称计数制，是用一组固定的符号和统一的规则来表示数值的方法。人们通常采用的数制有十进制、二进制、八进制和十六进制。

编码是用预先规定的方法将文字、数字或其他对象编成数码，或将信息、数据转换成规定的电脉冲信号。编码在电子计算机、电视、遥控和通信等方面广泛使用。编码是信息从一种形式或格式转换为另一种形式的过程。解码，是编码的逆过程。

1.2.2　理解二进制、八进制、十进制和十六进制

在人们使用的各种进位计数制中，表示数的符号在不同的位置上时所代表的数的值是不同的，这就引出了"位权"的概念。我们把每位数上的数字 1 所表示的十进制数的值称为该位的权。

1. 二进制（Binary，缩写为 B）

二进制是计算技术中广泛采用的一种数制。二进制数据是用 0 和 1 两个数码来表示的数。它的基数为 2，进位规则是逢二进一，借位规则是借一当二，由 18 世纪德国数理哲学大师莱布尼兹发现。当前的计算机系统使用的基本上是二进制系统。

2. 八进制（Octal，缩写为 O）

八进制在早期的计算机系统中很常见。八进制数字用 0、1、2、3、4、5、6、7 八个字符进行描述。它的基数为 8，计数规则是逢八进一。

3. 十进制（Decimal，缩写为 D）

人们日常生活中最熟悉的进位计数制。在十进制中，数用 0、1、2、3、4、5、6、7、8、9 这十个符号来描述。它的基数是 10，计数规则是逢十进一。

全世界通用的十进制，即满十进一，……依此类推。按权展开，整数部分，第一位权为 10^0，第二位权为 10^1，……依此类推，第 N 位权为 10^{N-1}；小数部分，第一位权为 10^{-1}，第二位权为 10^{-2}，……依此类推，第 N 位权为 10^{-N}。该数的数值等于每一位的数值与该位对应的权值乘积之和。

4. 十六进制（Hexadecimal，缩写为 H）

人们在计算机指令代码和数据的书写中经常使用的数制。在十六进制中，数用 0、1、…9 和 A、B、…F（或 a、b、…f）16 个符号来描述。它的基数是 16，计数规则是逢十六进一。

它是计算机中数据的一种表示方法，同我们日常中的十进制表示法不一样。它由 0～9，A～F 组成。与十进制的对应关系是：0～9 对应 0～9；A～F 对应 10～15；N 进制的数可以用

0~（N–1）的数表示超过 9 的用字母 A～F。

1.2.3　数制的转换

不同的数制之间可以进行相互转换。

1. 二进制与十进制的转换

（1）二进制数转换成十进制数

由二进制数转换成十进制数的基本做法是，把二进制数首先写成加权系数展开式，然后按十进制加法规则求和。这种做法称为"按权相加"法。例如把二进制数 110.11 转换成十进制数为 6.75。

类似地，其他进制数（八进制、十六进制）转换为十进制也采用"按权相加"法。

（2）十进制数转换为二进制数

十进制数转换为二进制数时，由于整数和小数的转换方法不同，所以先将十进制数的整数部分和小数部分分别转换，再加以合并。

● 十进制整数转换为二进制整数

十进制整数转换为二进制整数采用"除 2 取余，逆序排列"法。具体做法是：用 2 去除十进制整数，可以得到一个商和余数；再用 2 去除商，又会得到一个商和余数，如此进行，直到商为零时为止，然后把先得到的余数作为二进制数的低位有效位，后得到的余数作为二进制数的高位有效位，依次排列起来。

● 十进制小数转换为二进制小数

十进制小数转换成二进制小数采用"乘 2 取整，顺序排列"法。具体做法是：用 2 乘十进制小数，可以得到积，将积的整数部分取出，再用 2 乘余下的小数部分，又得到一个积，再将积的整数部分取出，如此进行，直到积中的小数部分为零，或者达到所要求的精度为止。

然后把取出的整数部分按顺序排列起来，先取的整数作为二进制小数的高位有效位，后取的整数作为低位有效位。

类似地，十进制转换为八进制，整数采用"除 8 取余，逆序排列"法，小数采用"乘 8 取整，顺序排列"法；十进制转换为十六进制，整数采用"除 16 取余，逆序排列"法，小数采用"乘 16 取整，顺序排列"法。

2. 二进制与八进制的转换

二进制数与十六进制数的相互转换，可以按照"二进制<—>十进制<—>八进制"的思想进行转换，也可以按照每三位二进制数对应一位八进制数进行转换，其对应关系如表 1-1 所示。

表 1-1　二进制与八进制的对应关系

十进制	二进制	八进制	十进制	二进制	八进制
0	000	0	4	100	4
1	001	1	5	101	5
2	010	2	6	110	6
3	011	3	7	111	7

例 1：二进制转换为八进制。

$（11111101100.01）_2 = （011\ 111\ 101\ 100.010）_2 = （3754.2）_8$

例 2：八进制转换为二进制。

$（61.7）_8 = （110001.111）_2$

3. 二进制与十六进制的转换

二进制数与十六进制数的相互转换，可以按照"二进制<—>十进制<—>十六进制"的思想进行转换，也可按照每四位二进制数对应于一位十六进制数进行转换，其对应关系如表1-2所示。

表 1-2　二进制与十六进制的对应关系

十进制	二进制	十六进制	十进制	二进制	十六进制
0	0000	0	8	1000	8
1	0001	1	9	1001	9
2	0010	2	10	1010	A
3	0011	3	11	1011	B
4	0100	4	12	1100	C
5	0101	5	13	1101	D
6	0110	6	14	1110	E
7	0111	7	15	1111	F

例1：二进制转为十六进制。

$$(11101.01)_2 = \left(\frac{0001}{1} \frac{1101}{0} \frac{.0100}{4} \right)_2 = (1E8.6)_{16} = 10.4$$

例2：十六进制转为二进制。

$$(AF4.76)_{16} = (1010\ 1111\ 0100.\ 0111\ 0110)_2 = (1010\ 1111\ 0100.\ 0111\ 011)_2$$

1.2.4　计算机中数据的二进制编码

1. 数的编码

数以某种表示方式存储在计算机中，称为"机器数"。机器数是以二进制的形式存储在具有记忆功能的电子器件触发器中，每个触发器存储一位二进制数字，所以 n 为二进制数字占用 n 个触发器，这些触发器组合在一起，称为寄存器。

2. 字符编码

目前，计算机中普遍采用的字符编码是 ASCII 码（American Standard Code for Information Interchange，美国标准信息交换码）。这种编码采用 7 位二进制数字表示一个字符，其编码范围是（0000000）$_2$～（1111111）$_2$，共有 2^7 个编码，即可表示 128 个字符。在计算机中存储一个字符的 ASCII 码时，实际上是使用一个字节的宽度（8 位二进制数），即在 7 位 ASCII 码前补 0。编码方案如表 1-3 所示。

3. 汉字编码

我国用户在使用计算机进行信息处理时，一般都要用到汉字，因此，必须解决汉字的输入、输出及汉字处理等一系列问题。当然，关键问题是要解决汉字编码的问题。由于汉字是象形文字，数目很多，常用汉字就有 3000～5000 个，另外汉字的形状和笔画多少差异极大，因此，不可能用少数几个确定的符号将汉字完全表示出来，或像英文那样将汉字拼写出来。每个汉字必须有它自己独特的编码。

计算机中的汉字同样也是采用二进制编码，根据应用目的的不同，汉字编码分为汉字输入码、汉字交换码（国标码）、汉字机内码、汉字地址码、汉字字形码。

表 1-3　标准 ASCII 码字符集

八进制	十六进制	十进制	字符	八进制	十六进制	十进制	字符
00	00	0	nul	100	40	64	@
01	01	1	soh	101	41	65	A
02	02	2	stx	102	42	66	B
03	03	3	etx	103	43	67	C
04	04	4	eot	104	44	68	D
05	05	5	enq	105	45	69	E
06	06	6	ack	106	46	70	F
07	07	7	bel	107	47	71	G
10	08	8	bs	110	48	72	H
11	09	9	ht	111	49	73	I
12	0a	10	nl	112	4a	74	J
13	0b	11	vt	113	4b	75	K
14	0c	12	ff	114	4c	76	L
15	0d	13	er	115	4d	77	M
16	0e	14	so	116	4e	78	N
17	0f	15	si	117	4f	79	O
20	10	16	dle	120	50	80	P
21	11	17	dc1	121	51	81	Q
22	12	18	dc2	122	52	82	R
23	13	19	dc3	123	53	83	S
24	14	20	dc4	124	54	84	T
25	15	21	nak	125	55	85	U
26	16	22	syn	126	56	86	V
27	17	23	etb	127	57	87	W
30	18	24	can	130	58	88	X
31	19	25	em	131	59	89	Y
32	1a	26	sub	132	5a	90	Z
33	1b	27	esc	133	5b	91	[
34	1c	28	fs	134	5c	92	\
35	1d	29	gs	135	5d	93	]
36	1e	30	re	136	5e	94	^
37	1f	31	us	137	5f	95	_
40	20	32	sp	140	60	96	'

八进制	十六进制	十进制	字符	八进制	十六进制	十进制	字符
41	21	33	!	141	61	97	a
42	22	34	"	142	62	98	b
43	23	35	#	143	63	99	c
44	24	36	$	144	64	100	d
45	25	37	%	145	65	101	e
46	26	38	&	146	66	102	f
47	27	39	`	147	67	103	g
50	28	40	(	150	68	104	h
51	29	41	)	151	69	105	i
52	2a	42	*	152	6a	106	j
53	2b	43	+	153	6b	107	k
54	2c	44	,	154	6c	108	l
55	2d	45	−	155	6d	109	m
56	2e	46	.	156	6e	110	n
57	2f	47	/	157	6f	111	o
60	30	48	0	160	70	112	p
61	31	49	1	161	71	113	q
62	32	50	2	162	72	114	r
63	33	51	3	163	73	115	s
64	34	52	4	164	74	116	t
65	35	53	5	165	75	117	u
66	36	54	6	166	76	118	v
67	37	55	7	167	77	119	w
70	38	56	8	170	78	120	x
71	39	57	9	171	79	121	y
72	3a	58	:	172	7a	122	z
73	3b	59	;	173	7b	123	{
74	3c	60	<	174	7c	124	|
75	3d	61	=	175	7d	125	}
76	3e	62	>	176	7e	126	−
77	3f	63	?	177	7f	127	del

（1）汉字输入码

汉字输入码也叫汉字外部码（简称外码），是用来将汉字输入到计算机中的一组键盘符号。汉字输入方法很多，如区位、拼音、五笔字型等数百种。一种好的汉字输入方法应具有易学习、易记忆、效率高（击键次数少）、重码少和容量大等特点。每种输入法有自己的编码方案，不同输入法所采用的汉字编码统称为输入码。汉字输入码进入机器后，必须转为机内码。

（2）汉字区位码

汉字的区位码由一个汉字的区号和位号组成，也是一种输入码。标准的汉字编码表有 94 行、94 列，其行号称为区号，列号称为位号。显然，区号范围是 1～94，位号范围也是 1～94，双字节中，用高字节表示区号，低字节表示位号。非汉字图形符号置于第 1～11 区，一级汉字 3755 个置于第 16～55 区，二级汉字 3 008 个置于第 56～87 区。其最大的优点是一字一码的无重码输入法，最大的缺点是难以记忆。

（3）汉字国标码

我国于 1980 年颁布了汉字编码方案《中华人民共和国国家标准信息交换用汉字编码字符集基本集》（GB2312—1980），代号为国标码。国标码是国家规定的用于汉字信息交换使用的代码的依据。

汉字国标码按照汉字使用频度把汉字分为高频字（约 100 个）、常用字（约 3 000 个）、次常用字（约 4 000 个）、罕见字（约 8 000 个）和死字（约 4 500 个），并将高频字、常用字和次常用字归结为汉字字符集（6 763 个）。该字符集又分为两级：第一级汉字为 3 755 个，属常用字，按汉语拼音顺序排列；第二级汉字为 3 008 个，属非常用字，按部首排列。

汉字的国标码＝汉字区位码＋2020H

（4）汉字机内码

汉字机内码又称为汉字内部码或汉字内码，是计算机处理汉字时所用的代码。当计算机输入外部码时，一般都要转换成内部码才能进行处理和存储。内部码通常用其汉字字库中的物理位置表示。它可以是汉字字库中的序号或者是汉字在字库中的物理区（段）号及位号。一般为两字节表达一个汉字的内部码。汉字的机内码采用变形国家标准码，以解决与 ASCII 码冲突的问题。将国家标准编码的两个字节中的最高位改为 1 即为汉字输入机内码。

汉字的机内码＝汉字的国标码＋8080H

例如：　　　　　石　　　　　邮　　　　　院

区位码：　　2A0FH　　　332AH　　　341AH

国标码：　　4A2FH　　　534AH　　　543AH

区位码：　　CAAFH　　　D3CAH　　　D4BAH

（5）汉字字形码

字形码是汉字的输出码，输出汉字时都采用图形方式，无论汉字的笔画多少，每个汉字都可以写在同样大小的方块中，如图 1-4 所示。

汉字字形码以点阵形式出现，右图是 16×16 点阵图，有汉字笔画覆盖部分用 1 表示，无则用 0 表示，图 1-4 所示的位代码就是表示一个汉字的汉字字形码。

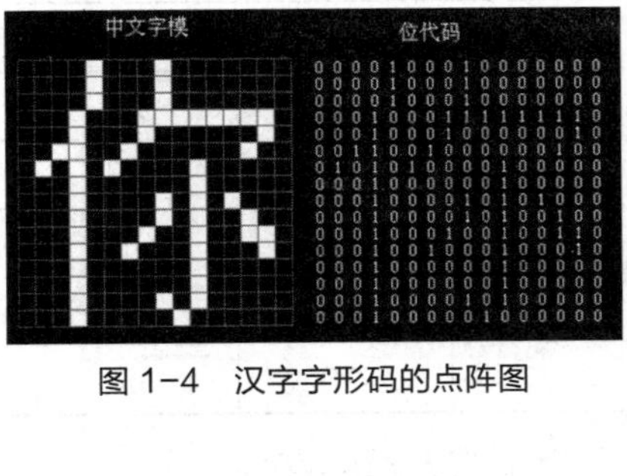

图 1-4　汉字字形码的点阵图

1.2.5　课后加油站

1. 考试重点分析

考生必须要掌握数值与编码，掌握二进制、八进制、十进制、十六进制之间的相互转换。

2. 过关练习

练习 1：什么是数制？

练习 2：简述编码的定义。

练习 3：试解释二进制。

练习 4：简述二进制转换为十进制。

练习 5：简述十进制转换为二进制。

练习 6：已知字符 A 的 ASCII 码是 01000001B，ASCII 码为 01000111B 的字符是多少？

练习 7：微机中采用的标准 ASCII 编码用多少位二进制数表示一个字符？

练习 8：存储一个汉字的机内码需 2 个字节，其前后两个字节的最高位二进制值依次分别是多少？

练习 9：1KB 的存储空间能存储多少个汉字国标（GB2312—1980）码？

练习 10：存储一个 48×48 点的汉字字形码，需要多少字节？

第 2 章
计算机系统概述

2.1　计算机硬件系统

　　一个完整的计算机系统由硬件系统和软件系统两大部分组成，如图 2-1 所示。这两大部分相辅相成，缺一不可。如果没有硬件，软件就无法存储和运行，也就失去了存在的意义；如果没有软件，硬件就是没有灵魂的"裸机"，不会做任何工作。硬件是计算机的"躯体"，软件是计算机的"灵魂"。

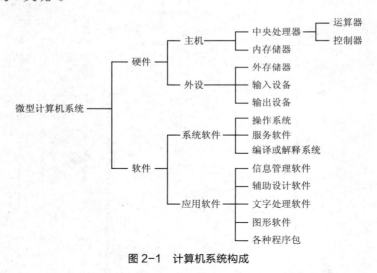

图 2-1　计算机系统构成

　　计算机的硬件系统通常由"五大件"组成：运算器、控制器、存储器、输入设备、输出设备。

2.1.1　运算器

　　运算器是完成各种算术运算和逻辑运算的装置，它主要由算术逻辑单元（Arithmetic and Logic Unit，ALU）和一组寄存器组成。ALU 是运算器的核心，它在控制信号的作用下，可以进行加、减、乘、除等算术运算和各种逻辑运算。寄存器用来存储 ALU 运算中所需的操作数机器运算结果。

2.1.2　控制器

　　控制器是计算机指挥和控制其他各部分工作的中心，其工作过程类似于人的大脑指挥和控制人的各器官，可以控制计算机的各部件能有条不紊地协调工作。

控制器是计算机的指挥中心，负责决定执行程序的顺序，给出执行指令时机器各部件需要的操作控制命令，由程序计数器、指令寄存器、指令译码器、时序产生器和操作控制器组成。它是发布命令的"决策机构"，即完成协调和指挥整个计算机系统的操作。

控制器的主要功能有：

① 从内存中取出一条指令，并指出下一条指令在内存中的位置；

② 对指令进行译码或测试，并产生相应的操作控制信号，以便启动规定的动作；

③ 指挥并控制 CPU、内存和输入/输出设备之间数据流动的方向。

控制器根据事先给定的命令发出控制信息，使整个电脑指令执行过程一步一步地进行，是计算机的神经中枢。

控制器和运算器合称为中央处理单元（Central Processing Unit，CPU），它是计算机的核心部件。

2.1.3 存储器

存储器将输入设备接收到的信息以二进制的数据形式存到存储器中。存储器有两种，分别叫做内存储器和外存储器。

1. 内存储器

微型计算机的内存储器是由半导体器件构成的，它可以与 CPU 直接进行数据交换，简称为内存或主存。从使用功能上可分为两种：随机存储器（Random Access Memory，简称 RAM），又称读写存储器；只读存储器（Read Only Memory，简称为 ROM）。

（1）随机存储器（Random Access Memory）

RAM 有以下特点：可以读出，也可以写入。读出时并不损坏原来存储的内容，只有写入时才修改原来所存储的内容。断电后，存储内容立即消失，即具有易失性。

RAM 可分为动态（Dynamic RAM）和静态（Static RAM）两大类。DRAM 用电容来存储信息，由于电容存在漏电现象，所以每隔一个固定的时间片必须对存储信息刷新一次，这是动态的含义；SRAM 用触发器的状态来存储信息，只要电源正常供电，触发器就能稳定地存储信息。二者相比，DRAM 具有集成度高、功耗低、价格廉等特点，所以目前微机的内存一般采用 DRAM。微机的常用内存以内存条的形式插在主板上，如图 2-2 所示。

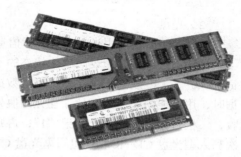

（2）只读存储器（Read Only Memory）

ROM 是只读存储器。顾名思义，它的特点是只能读出原有的内容，不能由用户再写入新内容。原来存储的内容是采用掩膜技术由厂家一次性写入的，并永久保存下来。它一般用来存放专用的固定的程序和

图 2-2　内存条

数据，如监控程序、基本输入/输出系统模块 BIOS 等，不会因断电而丢失。除了 ROM 外，还有可编程只读存储器 PROM、可擦除可编程的只读存储器 EPROM、可用电擦除的可编程的只读存储器 EEPROM 等。

（3）高速缓冲存储器

高速缓冲存储器（Cache）是位于 CPU 与内存之间的规模较小但速度很快的存储器，由于它在高速的 CPU 和低速的内存之间起到缓冲作用，可以解决 CPU 和内存之间速度不匹配

的问题，故称之为缓存，也称为高速缓冲存储器。一般用 SRAM 存储芯片实现，计算机系统按照一定的方式，将 CPU 频繁访问的内存数据存入 Cache，当 CPU 要读取这些数据时，则直接从 Cache 中读取，加快了 CPU 访问这些数据的速度，进而提高了系统整体运行速度。

在两级缓存系统中，Cache 分为一级缓存（L1 Cache）和二级缓存（L2 Cache）。一级缓存集成在 CPU 内部，又称为片内缓存；二级缓存一般焊接在主板上，又称为片外缓存。CPU 访问缓存的过程是：首先访问片内缓存，若未找到需要的数据则访问片外缓存，若仍未找到则需访问内存。

2. 外存储器

外存储器由于不能和 CPU 进行直接的数据交换，只能与内存交换信息，故称为外存储器，简称外存或辅存。外存通常是磁性介质或光盘，像硬盘、软盘、磁带、CD 等，能长期保存信息，并且不依赖于电来保存信息，由于是机械部件带动，速度与 CPU 相比就显得慢得多。

（1）硬盘

将读写磁头、电动机驱动部件和若干涂有磁性材料的铝合金圆盘密封在一起构成硬盘。硬盘是计算机最重要的外存储器，具有比软盘大得多的容量和快得多的速度，而且可靠性高，使用寿命长。计算机操作系统、大量的应用软件和数据都存放在硬盘上。硬盘容量有 320GB、500GB、750GB、1TB、2TB、3TB 等。目前，市场上能买到的硬盘最大容量为 4TB。硬盘外观和内部驱动装置如图 2-3 和图 2-4 所示。

图 2-3　硬盘的外观

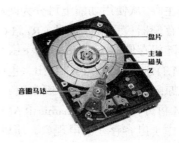

图 2-4　硬盘的内部

（2）光盘

光盘存储器是利用光学方式进行信息存储的设备，由光盘和光盘驱动器组成。

光盘不像磁盘利用表面磁化状态的不同，而是利用表面有无凹痕来表示信息，有凹痕的记录"0"，无凹痕的记录"1"。写入数据时，用高能激光照射盘片，灼烧形成凹痕；读取数据时，用低能激光照射盘片，在无凹痕处准确反射至光敏二极管，而有凹痕处因散射而被吸收，二极管接收到反射光时记"1"，否则记"0"。光盘通常分为只读型光盘 CD-ROM、一次写入型光盘 CD-R 和可重写型光盘 CD-RW 等。光盘及其驱动器如图 2-5 和图 2-6 所示。

图 2-5　光盘片

图 2-6　光盘驱动器

（3）移动存储器

移动存储器无需驱动器和额外电源，只需从其采用的标准 USB 接口总线取电，可热插拔，读/写速度快，存储容量大，另外还具有价格便宜、体积小巧、外形美观、易于携带等特点。目前人们最常用的是移动闪存（U 盘）和移动硬盘。

移动闪存又称 U 盘，它具有 RAM 存取数据速度快和 ROM 保存数据不易丢失的双重优点，且体积小、容量大、性价比高、使用方便，它已经取代人们使用多年的软盘而成为微型计算机的一种常用移动存储设备，如图 2-7 所示。

移动硬盘是通过相关部件将 IDE 装换成 USB 接口（或 Firewire 接口）连接到微型计算机上，从而完成读/写数据的操作，如图 2-8 所示。

图 2-7　U 盘

图 2-8　移动硬盘

3. 层次结构

随着 CPU 速度的不断提高和软件规模的不断扩大，人们希望存储器能同时满足速度快、容量大、价格低的要求。但实际上这一点很难办到，解决这一问题的较好方法是，设计一个快慢搭配、具有层次结构的存储系统。图 2-9 显示了新型微机系统中的存储器组织。它呈现金字塔形结构，越往上存储器件的速度越快，CPU 的访问频度越高；同时，每位存储容量的价格也越高，系统的拥有量越小。从图中可以看到，CPU 中的寄存器位于该塔的顶端，它有最快的存取速度，但数量极为有限；向下依次是 CPU 内的 Cache（高速缓冲存储器）、主板上的 Cache

图 2-9　微机存储系统的层次结构

（由 SRAM 组成）、主存储器（由 DRAM 组成）、辅助存储器（半导体盘、磁盘）和大容量辅助存储器（光盘、磁带）。位于塔底的存储设备，其容量最大，存储容量的价格最低，但速度可能也是较慢或最慢的。

2.1.4　输入设备

输入设备是将数据、程序、文字符号、图像、声音等信息输送到计算机中。常用的输入设备有键盘、鼠标、触摸屏、数字转换器等。

（1）键盘（keyboard）

键盘是最常用也是最主要的输入设备，通过键盘，可以将英文字母、数字、标点符号等输入到计算机中，从而向计算机发出命令、输入数据等。

（2）鼠标（mouse）

鼠标因形似老鼠而得名。"鼠标"的标准称呼应该是"鼠标器"，全称："橡胶球传动之光栅轮带发光二极管及光敏三极管之晶元脉冲信号转换器"或"红外线散射之光斑照射粒子带发光半导体及光电感应器之光源脉冲信号传感器"。

它用来控制显示器所显示的指针光标（pointer）。它从出现到现在已经有 40 年的历史了。鼠标的使用是为了使计算机的操作更加简便，用来代替键盘的一些烦琐的指令。

（3）触摸屏（touch screen）

触摸屏是一种覆盖了一层塑料的特殊显示屏，在塑料层后是互相交叉不可见的红外线光束。用户通过手指触摸显示屏来选择菜单项。触摸屏的特点是容易使用。例如自动柜员机（Automated Teller Machine，ATM）、信息中心、饭店、百货商场等场合均可看到触摸屏的使用。

（4）数字转换器（digitizer）

数字转换器是一种用来描绘或复制图画及照片的设备。把需要复制的内容放置在数字化图形输入板上，然后通过一个连接计算机的特殊输入笔描绘这些内容。随着输入笔在复制内容上的移动，计算机记录它在数字化图形输入板上的位置，当描绘完整个需要复制的内容后，图像能在显示器上显示或在打印机上打印或者存储在计算机系统上以便日后使用。数字转换器常常用于工程图纸的设计。

除此之外的输入设备，还有游戏杆、光笔、数码相机、数字摄像机、图像扫描仪、传真机、条形码阅读器、语音输入设备等。

2.1.5　输出设备

输出设备将计算机的运算结果或者中间结果打印或显示出来。常用的输出设备有：显示器、打印机、绘图仪和传真机等。

（1）显示器（Display）

显示器也叫监视器，是微机中最重要的输出设备之一，也是人机交互必不可少的设备。常用的有阴极射线管显示器、液晶显示器和等离子显示器。像素和点距是显示器的主要性能之一：屏幕上图像的分辨率或者清晰度取决于能在屏幕上独立显示的点的直径，这种独立显示的点称作像素（Pixel），屏幕上两个像素之间的距离叫点距（Pitch）。目前，微机上使用的显示器的点距有 0.31mm、0.28mm 和 0.25mm 等规格。一般来讲，点距越小，分辨率就越高，显示器的性能也就越好。

（2）打印机（Printer）

打印机是计算机最基本的输出设备之一。它将计算机的处理结果打印在纸上。打印机按印字方式可分为击打式和非击打式两类。击打式打印机是利用机械动作，将字体通过色带打印在纸上，根据印出字体的方式又可分为活字式打印机和点阵式打印机。

（3）绘图仪（plotter）

绘图仪是能按照人们要求自动绘制图形的设备。它可将计算机的输出信息以图形的形式输出，主要可绘制各种管理图表和统计图、大地测量图、建筑设计图、电路布线图、各种机械图与计算机辅助设计图等。

2.1.6　课后加油站

1.考试重点分析

考生必须要掌握计算机硬件系统的组成，重点掌握运算器、控制器和存储器，掌握常见的计算机的输入设备和输出设备，了解各组成部分的作用。

2.过关练习

练习 1：计算机系统有包括哪几部分？

练习 2：计算机硬件系统由哪几部分组成？

练习 3：什么是输入设备，包括哪些？

练习 4：什么是输出设备，包括哪些部分？

练习 5：什么是存储器？

练习 6：什么是运算器？

练习 7：什么是控制器？

练习 8：在微机系统中，对输入/输出设备进行管理的基本系统是存放在哪里？

练习 9：1GB 等于多少字节？

练习 10：一个字节表示的最大无符号整数是多少？

2.2   计算机软件系统

2.2.1   计算机软件系统

计算机软件是由系统软件、支撑软件和应用软件构成的。系统软件是计算机系统中最靠近硬件的软件，其他软件一般都通过系统软件发挥作用。

所谓软件是指为方便使用计算机和提高使用效率而组织的程序及用于开发、使用和维护的有关文档。软件系统可分为系统软件和应用软件两大类。

1. 系统软件

系统软件（System software），由一组控制计算机系统并管理其资源的程序组成。其主要功能包括：启动计算机，存储、加载和执行应用程序，对文件进行排序、检索，将程序语言翻译成机器语言等。实际上，系统软件可以看作用户与计算机的接口，它为应用软件和用户提供了控制、访问硬件的手段，这些功能主要由操作系统完成。此外，编译系统和各种工具软件也属此类，它们从另一方面辅助用户使用计算机。下面分别介绍它们的功能。

（1）操作系统（Operating System，OS）

操作系统是管理、控制和监督计算机软、硬件资源协调运行的程序系统，由一系列具有不同控制和管理功能的程序组成，它是直接运行在计算机硬件上的、最基本的系统软件，是系统软件的核心。操作系统是计算机发展中的产物，它的主要目的有两个：一是方便用户使用计算机，是用户和计算机的接口，如用户输入一条简单的命令就能自动完成复杂的功能，这就是操作系统帮助的结果；二是统一管理计算机系统的全部资源，合理组织计算机工作流程，以便充分、合理地发挥计算机的效率。

（2）语言处理系统（翻译程序）

人和计算机交流信息使用的语言称为计算机语言或程序设计语言。计算机语言通常分为机器语言、汇编语言和高级语言三类。如果要在计算机上运行高级语言程序就必须配备程序语言翻译程序（下简称翻译程序）。翻译程序本身是一组程序，不同的高级语言都有相应的翻译程序。翻译的方法有以下两种。

一种称为"解释"。早期的 BASIC 源程序都采用这种方式执行。它调用机器配备的 BASIC "解释程序"，在运行 BASIC 源程序时，逐条把 BASIC 的源程序语句进行解释和执行，它不保留目标程序代码，即不产生可执行文件。这种方式速度较慢，每次运行都要经过"解释"，边解释边执行。

另一种称为"编译"。它调用相应语言的编译程序，把源程序变成目标程序（以.OBJ 为扩展名），然后再用连接程序，把目标程序与库文件相连接形成可执行文件。尽管编译的过程复杂一些，但它形成的可执行文件（以.exe 为扩展名）可以反复执行，速度较快。运行程序时只要输入可执行程序的文件名，再按【Enter】键即可。

对源程序进行解释和编译任务的程序，分别叫做编译程序和解释程序。例如 FORTRAN、COBOL、PASCAL 和 C 等高级语言，使用时需有相应的编译程序；BASIC、LISP 等高级语言，使用时需用相应的解释程序。

（3）服务程序

服务程序能够提供一些常用的服务性功能，它们为用户开发程序和使用计算机提供了方便，在微机上经常使用的诊断程序、调试程序、编辑程序均属此类。

（4）数据库管理系统

数据库是指按照一定联系存储的数据集合，可为多种应用共享。数据库管理系统（Data Base Management System，DBMS）则是能够对数据库进行加工、管理的系统软件。其主要功能是建立、消除、维护数据库及对库中数据进行各种操作。数据库系统主要由数据库（DB）、数据库管理系统（DBMS）及相应的应用程序组成。数据库系统不但能够存放大量的数据，更重要的是能迅速、自动地对数据进行检索、修改、统计、排序、合并等操作，以得到所需的信息。这一点是传统的文件柜无法做到的。

数据库技术是计算机技术中发展最快、应用最广的一个分支。可以说，今后的计算机应用开发大部分都离不开数据库。因此，了解数据库技术尤其是微机环境下的数据库应用是非常必要的。

2. 应用软件

应用软件（Application Software）是为解决各类实际问题而设计的程序系统。它可以是一个特定的程序，比如一个图像浏览器；也可以是一组功能联系紧密、可以互相协作的程序的集合，比如微软的 Office 软件；还可以是一个由众多独立程序组成的庞大的软件系统，比如数据库管理系统。

从其服务对象的角度，又可分为通用软件和专用软件两类。

2.2.2 课后加油站

1. 考试重点分析

考生必须要掌握计算机软件系统的组成，重点掌握系统软件的组成。

2. 过关练习

练习1：什么是系统软件？

练习2：系统软件包括哪些？

2.3 计算机病毒及其防治

编制者在计算机程序中插入的破坏计算机功能或者破坏数据，影响计算机使用并且能够自我复制的一组计算机指令或者程序代码被称为计算机病毒（Computer Virus）。它具有破坏性、复制性和传染性。

2.3.1 计算机病毒的实质和症状

1. 计算机病毒的实质

计算机病毒（Computer Virus）在《中华人民共和国计算机信息系统安全保护条例》中被

明确定义，病毒指"编制者在计算机程序中插入的破坏计算机功能或者破坏数据，影响计算机使用并且能够自我复制的一组计算机指令或者程序代码"。

与医学上的"病毒"不同，计算机病毒不是天然存在的，是某些人利用计算机软件和硬件所固有的脆弱性编制的一组指令集或程序代码。它能通过某种途径潜伏在计算机的存储介质（或程序）里，当达到某种条件时即被激活，通过修改其他程序的方法将自己的精确复制或者可能演化的形式放入其他程序中，从而感染其他程序，对计算机资源进行破坏。所谓的病毒就是人为造成的，对其他用户的危害性很大。

2. 计算机病毒的症状

一旦计算机出现病毒，其症状通常为如下表现。

① 计算机系统运行速度减慢。

② 计算机系统经常无故发生死机。

③ 计算机系统中的文件长度发生变化。

④ 计算机存储的容量异常减少。

⑤ 系统引导速度减慢。

⑥ 丢失文件或文件损坏。

⑦ 计算机屏幕上出现异常显示。

⑧ 计算机系统的蜂鸣器出现异常声响。

⑨ 磁盘卷标发生变化。

⑩ 系统不识别硬盘。

⑪ 对存储系统异常访问。

⑫ 键盘输入异常。

⑬ 文件的日期、时间、属性等发生变化。

⑭ 文件无法正确读取、复制或打开。

⑮ 命令执行出现错误。

⑯ 虚假报警。

⑰ 换当前盘。有些病毒会将当前盘切换到 C 盘。

⑱ 时钟倒转。有些病毒会命名系统时间倒转，逆向计时。

⑲ Windows 操作系统无故频繁出现错误。

⑳ 系统异常重新启动。

㉑ 一些外部设备工作异常。

㉒ 异常要求用户输入密码。

㉓ Word 或 Excel 提示执行"宏"。

㉔ 使不应驻留内存的程序驻留内存。

3. 计算机病毒的特点

（1）繁殖性

计算机病毒可以像生物病毒一样进行繁殖，当正常程序运行的时候，它也进行运行自身复制，是否具有繁殖、感染的特征是判断某段程序为计算机病毒的首要条件。

（2）破坏性

计算机中毒后，可能会导致正常的程序无法运行，计算机内的文件被删除或受到不同程度的损坏。通常表现为增、删、改、移。

（3）传染性

计算机病毒不但本身具有破坏性，更有害的是具有传染性，一旦病毒被复制或产生变种，其速度之快令人难以预防。

（4）潜伏性

潜伏性的第一种表现在有些病毒像定时炸弹一样，让它什么时间发作是预先设计好的。比如黑色星期五病毒，不到预定时间一点都觉察不出来，等到条件具备的时候一下子就爆炸开来，对系统进行破坏。一个编制精巧的计算机病毒程序，进入系统之后一般不会马上发作，因此病毒可以静静地躲在磁盘或磁带里待上几天，甚至几年，一旦时机成熟，得到运行机会，就又要四处繁殖、扩散，继续危害。潜伏性的第二种表现是指，计算机病毒的内部往往有一种触发机制，不满足触发条件时，计算机病毒除了传染外不做什么破坏。触发条件一旦得到满足，有的在屏幕上显示信息、图形或特殊标识，有的则执行破坏系统的操作，如格式化磁盘、删除磁盘文件、对数据文件做加密、封锁键盘，以及使系统死锁等。

（5）隐蔽性

计算机病毒具有很强的隐蔽性，有的可以通过病毒软件检查出来，有的根本就查不出来，有的时隐时现、变化无常，这类病毒处理起来通常很困难。

（6）可触发性

病毒因某个事件或数值的出现，诱使病毒实施感染或进行攻击的特性称为可触发性。为了隐蔽自己，病毒必须潜伏，少做动作。如果完全不动，一直潜伏的话，病毒既不能感染也不能进行破坏，便失去了杀伤力。病毒既要隐蔽又要维持杀伤力，它必须具有可触发性。病毒的触发机制就是用来控制感染和破坏动作的频率的。病毒具有预定的触发条件，这些条件可能是时间、日期、文件类型或某些特定数据等。病毒运行时，触发机制检查预定条件是否满足，如果满足，启动感染或破坏动作，使病毒进行感染或攻击；如果不满足，病毒继续潜伏。

2.3.2 计算机病毒的预防

提高系统的安全性是防病毒的一个重要方面，但完美的系统是不存在的，过于强调提高系统的安全性将使系统多数时间用于病毒检查，系统失去了可用性、实用性和易用性，另一方面，信息保密的要求让人们在泄密和抓住病毒之间无法选择。为了加强内部网络管理人员及使用人员的安全意识，很多计算机系统常用口令来控制对系统资源的访问，这是防病毒进程中最容易和最经济的方法之一。另外，安装杀毒软并定期更新也是预防病毒的重中之重。

做好计算机病毒的预防，是防治病毒的关键。

计算机病毒预防措施有以下几点。

① 不使用盗版或来历不明的软件，特别不能使用盗版的杀毒软件。

② 写保护所有系统软盘。

③ 安装真正有效的防毒软件，并经常进行升级。

④ 新购买的电脑在使用之前首先要进行病毒检查，以免机器带毒。

⑤ 准备一张干净的系统引导盘，并将常用的工具软件复制到该盘上，然后妥善保存。此后一旦系统受到病毒侵犯，我们就可以使用该盘引导系统，进行检查、杀毒等操作。

⑥ 对外来程序要使用查毒软件进行检查，未经检查的可执行文件不能拷入硬盘，更不能使用。

⑦ 尽量不要使用软盘启动计算机。

⑧ 将硬盘引导区和主引导扇区备份下来,并经常对重要数据进行备份。

及早发现计算机病毒,是有效控制病毒危害的关键。检查计算机有无病毒主要有两种途径:一种是利用反病毒软件进行检测,另一种是观察计算机出现的异常现象。下列现象可作为检查病毒的参考。

① 屏幕出现一些无意义的显示画面或异常的提示信息。

② 屏幕出现异常滚动而与行同步无关。

③ 计算机系统出现异常死机和重启动现象。

④ 系统不承认硬盘或硬盘不能引导系统。

⑤ 机器喇叭自动产生鸣叫。

⑥ 系统引导或程序装入时速度明显减慢,或异常要求用户输入口令。

⑦ 文件或数据无故地丢失,或文件长度自动发生了变化。

⑧ 磁盘出现坏簇或可用空间变小,或不识别磁盘设备。

⑨ 编辑文本文件时,频繁地自动存盘。

计算机病毒应立即清除,将病毒危害减少到最低限度。发现计算机病毒后的解决方法通常有以下几种。

① 在清除病毒之前,要先备份重要的数据文件。

② 启动最新的反病毒软件,对整个计算机系统进行病毒扫描和清除,使系统或文件恢复正常。

③ 发现病毒后,我们一般应利用反病毒软件清除文件中的病毒,如果可执行文件中的病毒不能被清除,一般应将其删除,然后重新安装相应的应用程序。

④ 某些病毒在 Windows 状态下无法完全清除,此时我们应用事先准备好的干净的系统引导盘引导系统,然后在 DOS 下运行相关杀毒软件进行清除。常见的杀毒软件有瑞星、金山毒霸、KV3000、KILL 等。

2.3.3 课后加油站

1. 考试重点分析

考生必须要掌握计算机病毒含义,了解计算机病毒的特点,掌握如何防治计算机病毒。

2. 过关练习

练习1:什么是计算机病毒?

练习2:计算机病毒的特点有哪些?

练习3:计算机病毒的预防措施有哪些?

PART 3

第 3 章
Windows 7 操作系统
基础知识

3.1 Windows 7 界面的认识及简单操作

3.1.1 Windows 7 桌面的组成

Windows 7 的桌面相对于以前版本的桌面，有很大改变，不但有很强的可视化效果，而且在功能方面也进行了归类，便于用户查找和使用。

启动 Windows 7 后，出现的桌面如图 3-1 所示，主要包括桌面图标、桌面背景和任务栏。

图 3-1 Windows 7 桌面

桌面图标主要包括系统图标和快捷图标，和 Windows XP 图标组成是一样的，操作方式也是一样的；桌面背景可以根据用户的喜好进行设置，以后会进行具体介绍；任务栏有很多的变化，主要包括"开始"按钮、快速启动区、语言栏、系统提示区与"显示桌面"按钮组成。下面对各个部分进行具体介绍。

3.1.2 桌面的个性化设置

Windows 7 的桌面设置更加美观和人性化，用户可以根据自己的需求设置不同的桌面效果，使桌面有自己的"个性化"外表。

1. 使用 Windows Aero 界面

Windows 7 默认的外观设置不是每个人都喜欢，用户可以通过个性化的设置，自定义操作系统的外观。微软在系统中引入了 Aero 功能，只要电脑的显卡内存在 125MB 以上，并且支持 DirectX 9 或以上版本，就可以打开该功能。打开 Aero 功能功能后，Windows 窗口呈透明化，将鼠标悬停在任务栏的图标上，还可以预览对应的窗口。

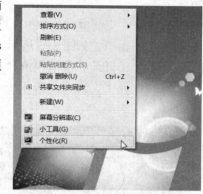

图 3-2　右键菜单

STEP 1 在桌面空白处单击鼠标右键，在展开的菜单中选择"个性化"命令，如图 3-2 所示。

STEP 2 打开"个性化"窗口，在"Aero 主题"栏下，选择一种 Aero 主题，如选择"自然"，单击即可切换到该主题，如图 3-3 所示。

STEP 3 单击"窗口颜色"图标，在打开的对话框中选择修改的 Aero 主题，如图 3-4 所示。单击"保存修改"按钮，再关闭对话框即可。

图 3-3　"个性化"窗口

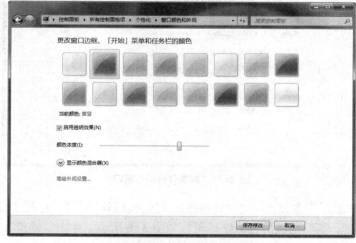

图 3-4　"窗口颜色和外观"窗口

第 3 章　Windows 7 操作系统基础知识

2. 为桌面添加小工具

利用桌面小工具，可以设置个性化桌面，增加桌面的生动性，而且这些小工具也很有用处。

STEP 1 在桌面空白处单击鼠标右键，在弹出的菜单中选择"小工具"命令，打开小工具窗口，如图 3-5 所示。

STEP 2 在打开的窗口中选择喜欢和需要的小工具，然后双击小工具图标或将其拖到桌面上，完成后关闭小工具窗口即可，如拖动"日历"到桌面上，效果如图 3-6 所示。

图 3-5　小工具窗口

图 3-6　添加的日历

3. 设置桌面字体大小

使用 22 英寸或以上尺寸的显示器时，系统默认的字体偏小，有的用户阅读屏幕文字时可能会感到吃力，这可以通过调整 DPI 来改变字体大小。

STEP 1 在桌面空白处单击鼠标右键，选择"屏幕分辨率"命令，打开"屏幕分辨率"窗口，单击"放大或缩小文本和其他项目"链接，如图 3-7 所示。

图 3-7　"屏幕分辨率"窗口

STEP 2 打开"显示"窗口，单击"设置自定义文本大小"链接，打开"自定义 DPI 设置"对话框，调整缩放的百分比即可，如图 3-8 所示。单击"确定"按钮，再关闭窗口即可。

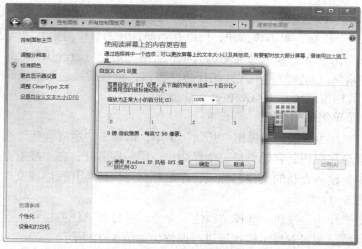

图 3-8 "自定义 DPI 设置"对话框

3.1.3 任务栏和开始菜单的构成

Windows 7 操作系统在任务栏方面，进行了较大程度的改进和革新，包括将从 95、98 到 2000、XP、Vista 都一直沿用的快速启动栏和任务选项进行和合并处理。这样通过任务栏，即可快速查看各个程序的运行状态、历史信息等。同时对于系统托盘的显示风格，也进行了一定程度的改良操作，特别是在执行复制文件过程中，对应窗口还会在最小化的同时显示复制进度等功能，如图 3-9 所示。

图 3-9 任务栏

1.任务栏的组成和操作

① "开始"按钮：单击该按钮，会弹出"开始"菜单，单击其中的任意选项可启动对应的系统程序或应用程序。

② 快速启动区：用于显示当前打开程序窗口的对应图标，使用该图标可以进行还原窗口到桌面、切换和关闭窗口等操作，拖动这些图标可以改变它们的排列顺序。这里对打开的窗口和程序进行了归类，相同的程序放在一起，将鼠标放在打开程序的图标上，可以查看窗口的缩略图，如图 3-10 所示。单击需要的缩略图，可打开相应的窗口，便于用户查看和选择。

图 3-10 快速启动区

③ 语言栏：输入文本内容时，在语言栏中进行选择和设置输入法等操作。

④ 系统提示区：用于显示"系统音量"、"网络"及"操作中心"等一些正在运行的应用

程序的图标，单击其中的按钮可以看到被隐藏的其他活动图标。

⑤ "显示桌面" 按钮：单击该按钮，可以在当前打开的窗口与桌面之间进行切换。

⑥ Windows 7 的任务栏预览功能更加简单和直观，用户可通过任务栏，单击属性选项，对相关功能进行调整，如恢复到小尺寸的任务栏窗口，也包括对通知区域的图标信息进行调整、是否启用任务栏窗口预览（Aero Peek）功能等。

2. "开始" 菜单组成和设置

STEP 1 单击 "开始" 按钮，弹出 "开始" 菜单，再单击 "所有程序" 选项，可以看到更多程序和应用，它始终是一个界面，一层一层展开。在 "搜索程序和文件" 文本框中，输入查找的文件名称或程序名称，可快速打开程序或文件所在的文件夹，如图 3-11 所示。

STEP 2 右击 "开始" 按钮，选择 "属性" 命令，可打开 "任务栏和「开始」菜单属性" 对话框，则可对显示模式等进行调整，如图 3-12 所示。

图 3-11 "搜索程序和文件" 文本框

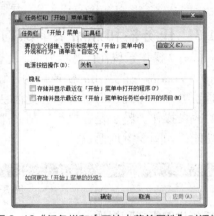

图 3-12 "任务栏和「开始」菜单属性" 对话框

3.1.4 "计算机" 窗口的认识

在 Windows 7 中，双击桌面上的 "计算机" 图标，即可打开 "计算机" 窗口，如图 3-13 所示。它的功能相似于 Windows XP 的 "我的电脑" 窗口，但是比 "我的电脑" 功能要强大。它不但有基本的磁盘，而且在左侧窗口还可以进行 "库" 管理、查看局域 "网络"。

图 3-13 "计算机" 窗口

STEP 1 由窗口可以看到其功能名称发生了改变，而且增加了更多的功能，单击"组织"按钮，可展开下拉菜单，可选择相应的操作，如图 3-14 所示。

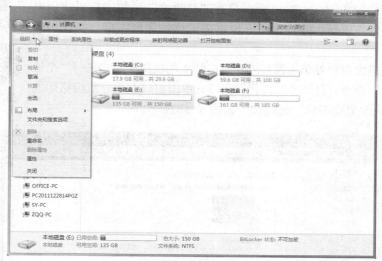

图 3-14 "组织"菜单

STEP 2 打开需要存放文件夹的磁盘，并选中需要查看的文件，再单击"显示预览窗格"按钮，可以在"计算机"窗口预览文件内容，如图 3-15 所示。

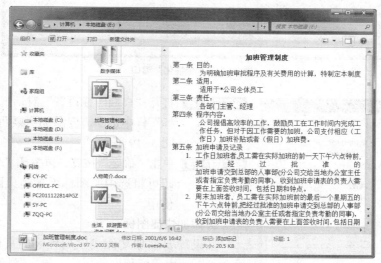

图 3-15 预览文档

STEP 3 在"计算机"窗口上方，单击"打开控制面板"按钮，可以直接打开控制面板。

STEP 4 打开需要创建文件夹的磁盘或文件夹，单击"新建文件夹"按钮，可以直接新建一个文件夹。

总之，"计算机"窗口有许多新功能，可以方便用户进行需要的操作，用户可以在窗口中试着使用。

3.1.5 认识桌面图标及其基本操作

桌面上的系统图标和快捷图标可以直接帮助用户打开相应的窗口和程序，图 3-16 和

图 3-17 所示的分别为两类图标。

1. 添加系统图标

图 3-16　系统图标

默认状态下，Windows 7 桌面上只有"回收站"系统图标，使用电脑时，为了提高各项操作速度，可以根据需要添加系统图标。操作步骤如下。

图 3-17　快捷图标

STEP 1 在桌面空白处单击鼠标右键，在弹出的快捷菜单中选择"个性化"命令，打开"个性化"窗口，单击窗口左侧导航窗格中的"更改桌面图标"超链接，如图 3-18 所示。

图 3-18　"个性化"窗口

图 3-19　"桌面图标设置"对话框

STEP 2 打开"桌面图标设置"对话框，在"桌面图标"栏中选中需要添加到桌面上的图标，如图 3-19 所示。

STEP 3 单击"确定"按钮，再关闭"个性化"窗口，即可将选中的图标添加到桌面上，并直接使用。

2. 添加快捷图标

如果需要添加文件或应用程序的桌面快捷启动方式，可以选中目标程序或文件，单击鼠标右键，在弹出的快捷菜单中选择"发送到→桌面快捷方式"命令，将相应的快捷图标添加到桌面上。

3. 删除桌面图标

如果桌面上图标过多，可以根据需要将桌面上的图标删除。删除的方法是：选择需要删除的桌面图标，单击鼠标右键，在弹出的菜单中选择"删除"命令；或者左键按住需要删除的桌面图标不放，将其拖动到"回收站"图标上，当出现"移动到回收站"字样时，如图 3-20 所示，释放鼠标左键，在打开的对话框中单击"是"按钮即可删除，如图 3-21 所示。

图 3-20　移动到"回收站"

图 3-21　删除提示对话框

3.1.6　鼠标指针及鼠标操作

1. 鼠标概述

在 Windows 7 中，使用鼠标在屏幕上的项目之间进行交互操作就如同现实生活中用手取用物品一样方便，使用鼠标可以充分发挥操作简单、方便、直观、高效的特点。可以用鼠标选择操作对象并对选择的对象进行复制、移动、打开、更改和删除等操作。

每个鼠标都有一个主要按钮（也称为左按钮、左键或主键）和次要按钮（也称为右按钮、右键或次键）。鼠标左按钮主要用于选定对象和文本、在文档中定位光标及拖动项目。单击鼠标左按钮的操作被称为"左键单击"或"单击"。鼠标右按钮主要用于"打开根据单击位置不同而变化的任务或选项的快捷菜单"。该快捷菜单对于快速完成任务非常有用。单击次要鼠标按钮的操作被称为"右键单击"。现在多数鼠标在两键之间有一个鼠标轮（也称第三按钮），主要用于"前后滚动文档"。

2. 鼠标指针符号

在 Windows 中，鼠标指针用多种易于理解的形象化的图形符号表示，每个鼠标指针符号出现的位置、含义各不相同，在使用时应注意区分。表 3-1 中给出了 Windows 中常用的鼠标指针符号。

表 3-1　鼠标指针符号

正常选择	↖	垂直调整	↕
帮助选择	↖?	水平调整	↔
后台运行	↖	沿对角线调整 1	↘
忙	○	沿对角线调整 2	↗
精确选择	+	移动	✥
文本选择	I	候选	↑
手写	✎	连接选择	☝
不可用	⊘		

3. 自定义鼠标形状

Windows 7 系统为用户提供了很多鼠标指针方案，用户可以根据自己的喜好设置。此外，Internet 上提供了很多样式可爱、色彩绚丽的鼠标指针图标（后缀名为 ani 或 cur），用户可以根据自己需要下载。

STEP 1 在桌面空白处单击鼠标右键，在展开的菜单中选择"个性化"命令，在打开的"个性化"窗口中，单击窗口左侧的"更改鼠标指针"超链接。

STEP 2 打开"鼠标属性"对话框，在"指针"选项卡设置不同状态下对应的鼠标图案，如选择"正常选择"选项，单击"浏览"按钮，如图 3-22 所示。

STEP 3 打开"浏览"对话框，选择需要的图标，如图 3-23 所示。单击"打开"按钮，返回到"鼠标属性"对话框，单击"确定"按钮，即可更改鼠标形状。

图 3-22 "鼠标属性"对话框

图 3-23 "浏览"对话框

3.1.7 设置屏幕保护程序

屏幕保护程序是在开机的电脑不用的时候，避免电脑停留在一个界面不动，对电脑起到保护作用。具体设置方法如下。

STEP 1 在桌面空白处单击鼠标右键，在弹出的菜单中选择"个性化"命令，打开"个性化"窗口，单击右下角的"屏幕保护程序"图标。

STEP 2 打开"屏幕保护程序设置"对话框，在"屏幕保护程序"栏下单击下拉按钮，在下拉列表中选择屏保模式，如"气泡"。

STEP 3 在"等待"编辑框中输入屏幕保护的时间，如图 3-24 所示。设置完成后，单击"确定"按钮即可。

图 3-24 "屏幕保护程序设置"对话框

3.1.8 "帮助"功能的认识和使用

Windows 7 帮助功能的界面有较大改变，用户可以通过帮助功能了解 Windows 7 入门简介、新增功能等，也可以了解其他功能等知识。

STEP 1 单击"开始"按钮，在打开的菜单中单击"帮助和支持"按钮，打开"Windows 帮助和支持"窗口，如图 3-25 所示。单击界面中的链接即可打开相应的界面。

STEP 2 如果需要了解其他方面的帮助，在"搜索"帮助文本框中输入需要帮助的关键词，如"记事本"，单击"搜索帮助" 🔍 按钮，即可查找到相关的帮助界面，如图 3-26 所示。

图 3-25 "Windows 帮助和支持"窗口

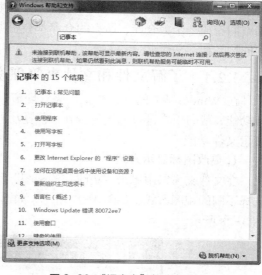

图 3-26 "记事本"帮助窗口

STEP 3 单击界面中相应的链接，即可了解对应的更详细的信息。

3.1.9　课后加油站

1.考试重点分析

考生必须要掌握 Windows 7 的界面、"计算机"窗口、"开始"菜单及任务栏等内容，并且知道怎样修改鼠标样式、设置屏幕保护等，了解怎样使用"帮助"功能。

2.过关练习

练习 1：Windows 7 界面由哪几个部分组成？

练习 2：将 Windows 7 设置成"人物"的 Aero 主题。

练习 3：在桌面上添加"天气"小工具。

练习 4：将桌面字体设置得较大一些。

练习 5：利用任务栏按钮，快速切换到桌面上。

练习 6：在"开始"菜单中不显示最近打开的程序。

练习 7：不打开文档预览文档内容。

练习 8：在桌面上添加"控制面板"图标。

练习 9：删除桌面上不需要的图标。

练习 10：更改"帮助选择"的鼠标指针样式。

练习 11：将屏幕保护设置成彩带，等待时间为 2 分钟。

练习 12：利用"帮助"功能查看"如何设置屏幕保护"。

3.2　Windows 7 的文件及文件夹管理

文件是以单个名称在计算机上存储的信息集合。电脑文件都是以二进制的形式保存在存储器中。文件可以是文本文档、图片、程序等。

文件和文件夹是电脑管理数据的重要方式，文件通常放在文件夹中，文件夹中除了文件外还有子文件夹，子文件夹中又可以包含文件。我们可以将 Windows 系统中的各种信息的存储空间看成一个大仓库，所有的仓库都会根据需要划分出不同的区域，每个区域分类存放不同的物品和子文件夹。

3.2.1　了解文件和文件夹管理窗口的新功能

在 Windows 7 的文件和文件夹管理窗口中，不但保留原有的功能，而且还增添了许多新功能，帮助用户进行需要的操作。预览功能上节已经介绍过了，下面主要介绍显示方式和搜索文件功能。

1. 更改图标显示方式

在文件夹窗口中单击"更改您的视图" ⊞ ▾ 右侧的下拉按钮，在展开的下拉菜单中可以选择不同的视图方式，如图 3-27 所示，如选择"内容"的视图方式，单击即可应用，效果如图 3-28 所示。

图 3-27　选择文件查看方式

图 3-28　"内容"查看方式

2. 在文件夹窗口直接搜索文件

如果一个文件夹中包含有很多文件，要查找需要的文件比较麻烦，可以通过文件夹中的搜索功能直接查找到所需文件。

STEP 1 在"搜索…"文本框中输入需要查找的文件的文件名，系统就会直接显示进行搜索，并进行显示，如图 3-29 所示。

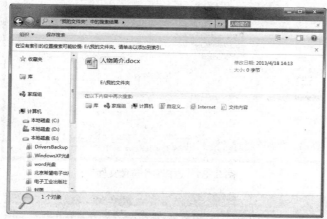

图 3-29　在"搜索…"文本框输入内容

STEP 2 也可以在文本框中输入文件的扩展名"*.docx"，即可直接搜索到此扩展名的所有文件，如图 3-30 所示。

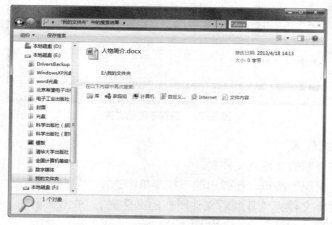

图 3-30　搜索的结果

3.2.2　文件和文件夹新建、删除等基本操作

文件和文件夹的新建、删除、选中等操作是基本操作，在很多时候经常会用到，掌握其操作方法是非常必要的。

1.选择多个连续文件或文件夹

STEP 1 单击要选择的第一个文件或文件夹后按住【Shift】键。

STEP 2 再单击要选择的最后一个文件或文件夹，则将以所选第一个文件和最后一个文件为对角线的矩形区域内的文件或文件夹全部选定，如图 3-31 所示。

2.一次性选择不连续文件或文件夹

STEP 1 首先单击要选择的第一个文件或文件夹，然后按住【Ctrl】键。

STEP 2 再依次单击其他要选定的文件或文件夹，即可将这些不连续的文件选中，如图 3-32 所示。

图 3-31　选择多个连续文件

图 3-32　选择不连续文件

3.复制文件或文件夹

STEP 1　选定要复制的文件或文件夹。

STEP 2　单击"组织"按钮，在弹出的下拉菜单中选择"复制"命令，如图 3-33 所示。

STEP 3　打开目标文件夹（复制后文件所在的文件夹），单击"组织"按钮，弹出下拉菜单，选择"粘贴"命令，如图 3-34 所示，即可粘贴成功。

图 3-33　"复制"操作

图 3-34　"粘贴"操作

STEP 4 或者选定要复制的文件或文件夹，然后打开目标文件夹，按住【Ctrl】键的同时，把所选内容使用鼠标左键（按住鼠标左键不放）拖动到目标文件夹（即复制后文件所在的文件夹），即可完成复制。

4. 彻底删除不需要的文件或文件夹

STEP 1 选定要删除的文件或文件夹。

STEP 2 按下【Shift】键的同时，单击"组织"按钮下拉菜单中的"删除"命令，或右键单击需要删除的文件或文件夹，在弹出的快捷菜单中选择"删除"命令，也可以按下【Shift+Delete】组合键。

图 3-35 "删除文件"对话框

STEP 3 打开"删除文件"对话框，如图 3-35 所示，单击"是"按钮，即可永久删除。

3.2.3 认识 Windows 7 "库"

Windows 7 中的"库"确实是一个非常不错的功能，可以管理不同类型的文件，不过要使用该功能还需要一定的条件，这里的条件主要只针对"库"的位置来说的。下面分别介绍支持"库"和不支持"库"的各种情况。

1. 支持"库"的情况

① 只要本地磁盘卷是 NTFS，不管是固定卷还是可移动卷，都是支持"库"。

② 基于索引共享的，比如部分服务器，或者基于家庭组的 Windows 7 计算机是支持"库"。

③ 对于一些脱机文件夹，比如文件夹重定向，如果设置是始终脱机可用的话那么也支持"库"。

2. 不支持"库"的情况

① 如果磁盘分区是"FAT/FAT 62"格式，那么不支持"库"。

② 可移动磁盘比如 U 盘、DVD 光驱，不支持"库"。

③ 既不是脱机被使用，或者远端被索引的网络共享文档是不支持"库"的。

④ NAS 即网络存储器也是不支持"库"的。

3. 如何管理"库"

管理好"库"，可以为我们查找图片、视频等文件带来方便。创建一个属于自己的"库"比较简单，而且也比较实用，可以存储一些有用的资料。

4. 快速创建一个"库"

STEP 1 打开"计算机"窗口，在左侧的导航区可以看到一个名为"库"的图标。

STEP 2 右键单击该图标，在下拉菜单中选择"新建"→"库"命令，如图 3-36 所示。

STEP 3 系统会自动创建一个库，然后就像给文件夹命名一样为这个库命名，比如命名为"我的库"，如图 3-37 所示。

5. 将文件夹添加到"库"

STEP 1 右键单击导航区名为"我的库"的库，选择"属性"命令，弹出其属性对话框，如图 3-38 所示。

STEP 2 单击 包含文件夹(I)... 按钮，在打开的对话框中选中需要添加的文件夹，再单击下面的 包括文件夹 按钮即可，如图 3-39 所示。

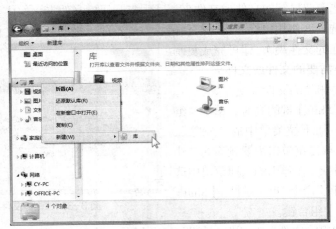

图 3-36 "新建库"操作

图 3-37 新建的库名称

图 3-38 "我的库属性"对话框

图 3-39 选中需要的文件夹

3.2.4 磁盘管理

磁盘是我们存储文件和文件夹的重要路径，管理好磁盘可以对我们的计算进行优化，而且能释放磁盘空间，提供更多的空间保存文件和文件夹。

1. 磁盘清理

Windows 有时使用特定目的的文件，然后将这些文件保留在为临时文件指派的文件夹中，或者可能有以前安装的现在不再使用的 Windows 组件，或者硬盘驱动器空间耗尽等多种原因。可能需要在不损害任何程序的前提下，减少磁盘中的文件数或创建更多的空闲空间。

使用"磁盘清理"清理硬盘空间，包括删除临时 Internet 文件、删除不再使用的已安装组件和程序并清空回收站。

STEP 1 单击"开始"→"所有程序"→"附件"→"系统工具"→"磁盘清理"菜单命令，打开"磁盘清理：驱动器选择"对话框，选择需要清理的磁盘，如 D 盘，如图 3-40 所示。

STEP 2 单击"确定"按钮，开始清理磁盘。清理磁盘结束后，弹出"（D：）的磁盘清理"对话框，选中需要清理的内容，如图 3-41 所示。

STEP 3 单击"确定"按钮即可开始清理。

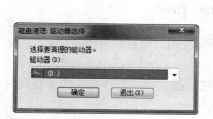

图 3-40　选择磁盘

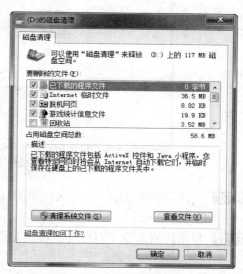

图 3-41　"（D：）的磁盘清理"对话框

2. 磁盘碎片整理

当磁盘中有大量碎片时，这些碎片会减慢磁盘访问的速度，并降低磁盘操作的综合性能。

磁盘碎片整理程序可以分析本地卷、合并碎片文件和文件夹，以便每个文件或文件夹都可以占用卷上单独而连续的磁盘空间，如图 3-50 所示。这样，系统就可以更有效地访问文件和文件夹，以及更有效地保存新的文件和文件夹。通过合并文件和文件夹，磁盘碎片整理程序还将合并卷上的可用空间，以减少新文件出现碎片的可能性。合并文件和文件夹碎片的过程称为碎片整理。

碎片整理花费的时间取决于多个因素，其中包括卷的大小、卷中的文件数和大小、碎片数量和可用的本地系统资源。首先分析卷可以在对文件和文件夹进行碎片整理之前，找到所有的碎片文件和文件夹，然后就可以观察卷上的碎片是如何生成的，并决定是否从卷的碎片整理中受益。要了解如何分析卷或整理卷的碎片得按步骤指示，请参阅分析卷和整理卷的碎片。

磁盘碎片整理程序可以对使用文件分配表（FAT）、FAT32 和 NTFS 文件系统格式化的文件系统卷进行碎片整理。

STEP 1 单击"开始"→"所有程序"→"附件"→"系统工具"→"磁盘碎片整理程序"菜单命令，打开"磁盘碎片整理程序"对话框，如图 3-42 所示。

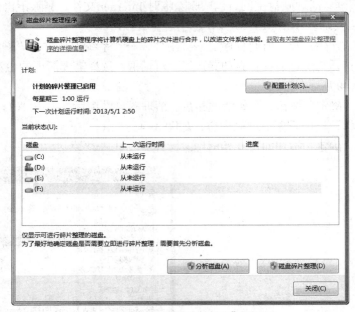

图 3-42　"磁盘碎片整理程序"对话框

STEP 2 在列表框中选中一个分区，单击 分析磁盘(A) 按钮，即可分析出碎片文件占磁盘容量的百分比。

STEP 3 根据得到的这个百分比，确定是否需要进行磁盘碎片整理，在需要整理时单击 磁盘碎片整理(D) 按钮即可。

3.2.5　课后加油站

1. 考试重点分析

考生必须要掌握文件夹的新建、复制、粘贴、删除等的操作方法，并认识 Windows 7 "库"的组成及管理方法，掌握如何清理磁盘和磁盘碎片整理。

2. 过关练习

练习 1：在文件和文件夹的显示方式更改为"详细信息"模式。

练习 2：在文件夹中搜索所有扩展名为".x1sx"的文档。

练习 3：连续选择需要的文件。

练习 4：彻底删除不需要的文件夹。

练习 5：新建一个"我的文档"的库。

练习 6：将"我的资料"文件夹添加到库中。

练习 7：对 F 盘进行磁盘清理。

练习 8：对 D 盘进行磁盘碎片整理。

3.3　控制面板的认识与操作

3.3.1　Windows 7 下的新控制面板

Windows 7 的"控制面板"窗口有了新的界面，项目更加众多，而且条理更加清晰，用户可以根据需要进行设置。

STEP 1 单击"开始"按钮，在展开的菜单中选择"控制面板"选项命令，即可打开"控制面板"窗口。

STEP 2 在窗口的左侧即可看到，"查看方式"是在"小图标"模式下，如图 3-43 所示。

图 3-43　"小图标"查看方式

STEP 3 单击"小图标"右侧的下拉按钮，展开下拉菜单，可以看到 3 种查看方式，"大图标"查看的方式和"小图标"是一样的，只是图标要大些，查看更清晰，如图 3-44 所示。

图 3-44　选择查看方式

STEP 4 选"类别"查看方式，即可进入到类别的模式下，对各个项目进行归类，如图 3-45 所示。

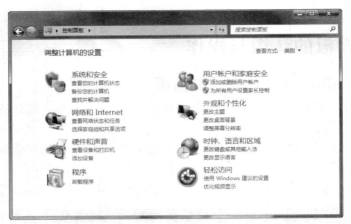

图 3-45 "类别"查看方式

STEP 5 用户可以根据需要选择合适的查看方式。

3.3.2 Windows 7 系统的安全与维护

1.利用 Windows 7 防火墙来保护系统安全

大部分人工作和生活都离不开互联网，可是当前的互联网安全性实在令人担忧，防火墙对于个人电脑来说就显得日益重要。在 XP 年代，Windows XP 自带的防火墙软件仅提供简单和基本的功能，且只能保护入站流量，阻止任何非本机启动的入站连接，默认情况下，该防火墙还是关闭的，所以我们只能另外去选择专业可靠的安全软件来保护自己的电脑。而现在 Windows 7 就弥补了这个缺憾，全面改进了 Windows 7 自带的防火墙，提供了更加强大的保护功能。

STEP 1 Windows 7 系统的防火墙设置相对简单很多，普通的电脑用户也可独立进行相关的基本设置。

STEP 2 打开"控制面板"，在"小图标"查看方式下，单击"Windows 防火墙"选项，打开"Windows 防火墙"窗口。单击窗口左侧的"打开或关闭 Windows 防火墙"选项，如图 3-46 所示。

图 3-46 "Windows 防火墙"窗口

STEP 3 在打开的窗口中选中"启用 Windows 防火墙"单选项，如图 3-47 所示。单击"确定"按钮即可。

图 3-47 启用"Windows 防火墙"

2. 打开 Windows Defender 实时保护

开启 Windows Defender 实时保护功能，可以最大限度地保护系统安全，操作步骤如下。

STEP 1 打开"控制面板"，在"小图标"查看方式下，单击"Windows Defender"选项，打开"Windows Defender"窗口，如图 3-48 所示。

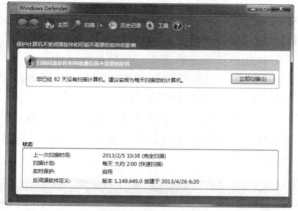

图 3-48 　"Windows Defender"窗口

STEP 2 单击窗口上方的 ⚙ 工具 按钮，打开"工具和设置"窗口，单击"选项"链接，如图 3-49 所示。

图 3-49 　"工具和设置"窗口

STEP 3 在"选项"窗口中，首先单击选中左侧的"实时保护"选项，然后在右侧窗格中选中"使用实时保护"和其下的子项，如图 3-50 所示。单击 保存(S) 按钮即可。

图 3-50 "选项"窗口

3.3.3 Windows 7 的备份与还原

1. 利用系统镜像备份 Windows 7

Windows 7 系统备份和还原功能中新增了"创建系统映像"功能，可以将整个系统分区备份为一个系统映像文件，以便日后恢复。如果系统中有两个或者两个以上系统分区（双系统或多系统），系统会默认将所有的系统分区都备份。

STEP 1 单击"开始"→"控制面板"菜单命令，打开"控制面板"窗口。单击"备份和还原"选项，打开"备份或还原文件"窗口，单击左侧窗格中的"创建系统映像"链接，如图 3-51 所示。

图 3-51 "备份或还原文件"窗口

STEP 2 打开"您想在何处保存备份？"对话框。该对话框中列出了三种存储系统映像的设备，本例中选择"在硬盘上"单选项，然后单击下面的列表框选择一个存储映像文件的分区，如图 3-52 所示。

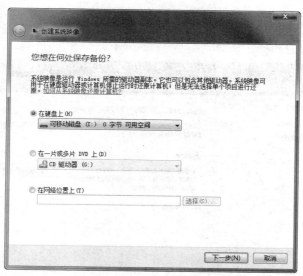

图 3-52　选择保存备份的位置

STEP 3　单击"下一步"按钮，打开"您要在备份中包括哪些驱动器？"对话框，在列表框中可以选择需要备份的分区，系统默认已选中了系统分区，如图 3-53 所示。

STEP 4　单击"下一步"按钮，打开"确认您的备份设置"对话框，列出了用户选择的备份设置，如图 3-54 所示。单击"开始备份"按钮，显示出备份进度。备份完成后会在弹出的对话框中单击"关闭"按钮即可。

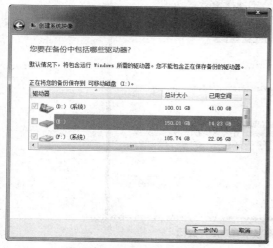

图 3-53　选择包含的驱动

图 3-54　确认备份设置

2. 利用系统镜像还原 Windows 7

当系统出现问题影响使用时，就可以使用先前创建的系统影响来恢复系统。恢复的步骤很简单，在系统下进行简单设置，然后重启计算机，按照屏幕提示操作即可。

因为恢复操作会覆盖现有文件，所以在进行恢复之前，用户必须将重要文件进行备份（复制到其他非系统分区），否则可能造成重要文件丢失。

STEP 1　在"控制面板"中，单击"备份和还原"选项，打开"备份或还原文件"窗口。单击窗口下方的"恢复系统设置或计算机"链接。

STEP 2 打开"将此计算机还原到一个较早的时间点"窗口，单击下方的"高级恢复方法"链接，如图 3-55 所示。

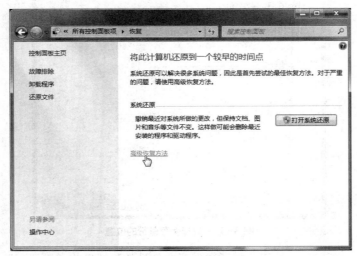

图 3-55 "恢复"窗口

STEP 3 在"选择一个高级恢复方法"窗口中，单击"使用之前创建的系统映像恢复计算机"，如图 3-56 所示。

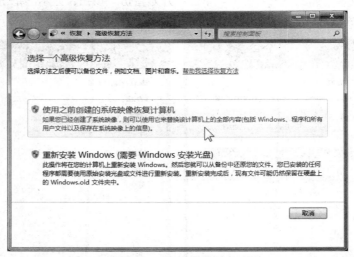

图 3-56 "选择一个高级恢复方法"窗口

STEP 4 在"您是否要备份文件？"窗口中，因为之前提示了用户备份重要文件，所以这里单击 跳过 按钮，如图 3-57 所示。

STEP 5 接着会打开"重新启动计算机并继续恢复"窗口，单击 重新启动 按钮，计算机将重新启动，如图 3-58 所示。

STEP 6 重新启动后，计算机将自动进入恢复界面，在"系统恢复选项"对话框中选择键盘输入法，这里选择系统默认的"中文（简体）-美式键盘"。

STEP 7 在"选择系统镜像备份"对话框中，选中"使用最新的可用系统映像"单选项，单击"下一步"按钮，在"选择其他的还原方式"对话框中根据需要进行设置，一般无需修改，使用默认设置即可。

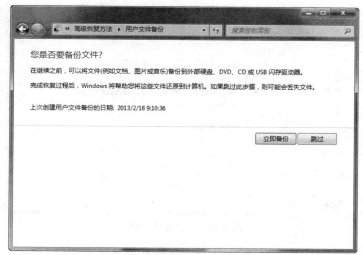

图 3-57 "您是否要备份文件？"窗口

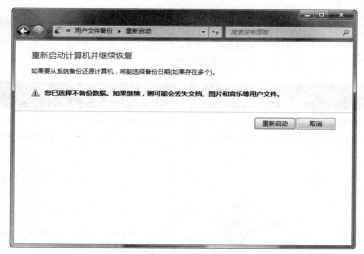

图 3-58 "重新启动计算机并继续恢复"窗口

STEP 8 单击"下一步"按钮，打开的对话框中列出了系统还原设置信息，单击"完成"按钮，弹出警示信息。单击"是"按钮，开始从系统映像还原计算机。

STEP 9 还原完成后会弹出如图对话框，询问是否立即重启计算机，默认 50 秒后自动重新启动，这里根据需要单击相应的按钮即可。

3.3.4 家庭组的管理

1. 新建家庭组

家庭组是 Windows 7 的新增功能，它为家庭网络共享图片、音乐、视频和打印机提供了一个简洁安全的途径。

假如家庭内多台电脑都安装了 Windows 7 操作系统，并且想利用家庭组功能共享资源，那么首先需要在一台电脑新建家庭组。

STEP 1 打开"计算机"窗口，单击窗口左侧的"家庭组"选项，然后在右侧窗口单击"创建家庭组"按钮，如图 3-59 所示。

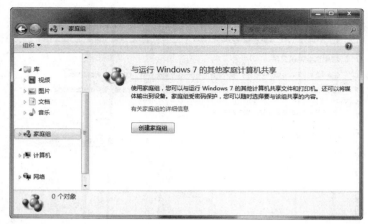

图 3-59　"家庭组"窗口

STEP 2 打开"创建家庭组"对话框，在"选择您要共享的内容"栏下，选中需要共享的
选项，如图 3-60 所示。

STEP 3 单击"下一步"按钮，开始创建家庭组，然后在弹出的界面中出现一串家庭组密
码，如图 3-61 所示。记住此密码，因为其他用户必须凭该密码才能进入家庭组。

STEP 4 单击"完成"按钮，创建家庭组完成。

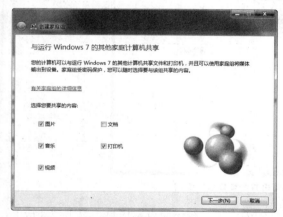

图 3-60　设置共享内容

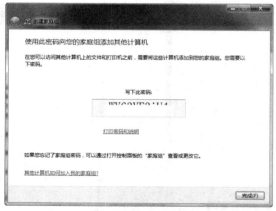

图 3-61　家庭组密码

2. 加入家庭组

在局域网中创建家庭组后，其他安装了 Windows 7 操作系统的电脑就可以凭密码加入该
家庭组共享资源了。

STEP 1 在其他电脑上打开"控制面板"窗口，在"小图标"的查看方式下，单击"家庭
组"选项。

STEP 2 打开"与运行 Windows 7 的其他家庭计算机共享"界面，如图 3-62 所示。

STEP 3 单击"下一步"按钮，在打开的界面中选择共享的内容，如图 3-63 所示。

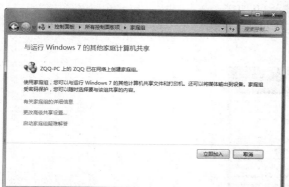

图 3-62　"家庭组"窗口

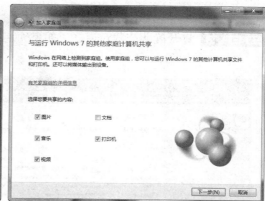

图 3-63　设置共享内容

STEP 4　单击"下一步"按钮，打开"键入家庭组"界面，输入创建家庭组时提供的密码，如图 3-64 所示。

STEP 5　单击"下一步"按钮，打开"您已加入该家庭组"界面，说明加入成功，如图 3-65 所示。单击"完成"按钮即可。

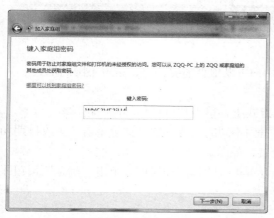

图 3-64　输入密码

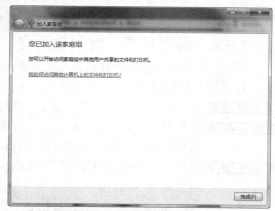

图 3-65　提示加入成功

注意

　　虽然所有版本的 Windows 7 都可以使用家庭组功能，但是 Windows 7 简易版和家庭普通版无法创建家庭组；另外，若网络类型为"公用网络"或"工作网络"，需将其改为"家庭网络"，方可使用家庭组。

3.3.5　添加或删除程序

1. 添加程序

添加程序比较简单，从网站上下载所需的程序后，双击打开其安装程序文件，按照其提示步骤完成程序安装即可。

2. 删除程序

STEP 1　单击"开始"→"控制面板"菜单命令，在"小图标"的"查看方式"下，单击"程序和功能"选项。

STEP 2　单击"程序和功能"，打开"卸载或更改程序"窗口，在列表中选中需要卸载的程序，单击"卸载"按钮，如图 3-66 所示。

STEP 3 打开确认卸载对话框，如果确定要卸载，单击"是"按钮，即可进行卸载程序，如图 3-67 所示。

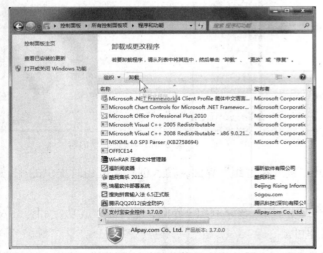

图 3-66 "程序和功能"窗口   图 3-67 卸载提示窗口

3.3.6 设置日期、时间和语言

日期、时间和语言是计算机常用的元素，用户可以根据需要调整，设置不同的形式。

1. 设置日期和时间

STEP 1 在"控制面板"的"小图标"查看方式下，单击"日期和时间"选项。

STEP 2 打开"日期和时间"对话框，可以看到不同的设置选项，这里单击"更改日期和时间"按钮，对时间和日期进行设置，如图 3-68 所示。

STEP 3 打开"日期和时间设置"对话框，设置正确的时间和日期，单击"确定"按钮即可，如图 3-69 所示。

图 3-68 "日期和时间"对话框   图 3-69 设置日期和时间

2. 设置语言

STEP 1 在"控制面板"的"小图标"查看方式下，单击"区域和语言"选项。

STEP 2 打开"区域和语言"对话框，在"格式"选项卡中，可以设置"日期和时间"的显示格式，如图 3-70 所示。

STEP 3 在"键盘和语言"选项卡中，单击"更改键盘"按钮，打开"文本服务和输入语言"对话框，可以添加或删除输入法，选择语言等设置，如图 3-71 所示。

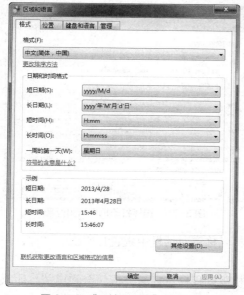

图 3-70　"区域和语言"对话框

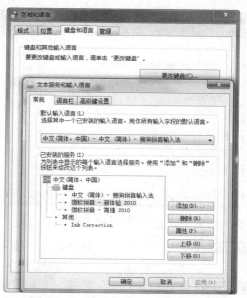

图 3-71　"文本服务和输入语言"对话框

3.3.7　打印机的添加、设置和管理

打印机是日常办公中常用的设备，仅将打印机连接到电脑上是无法正常使用的，还需要安装打印机的驱动程序。

1. 添加打印机

STEP 1 在"控制面板"的"小图标"查看方式下，单击"设备和打印机"选项。

STEP 2 在打开的对话框中，单击"添加打印机"按钮，如图 3-72 所示。

STEP 3 在"要安装什么类型的打印机"对话框中，单击"添加本地打印机"（这里以此为例），如图 3-73 所示。

图 3-72　"设备和打印机"窗口

图 3-73　选择"添加本地打印机"

STEP 4 在"选择打印机端口"对话框中，根据需要选择或创建新的端口，如图 3-74 所示。这里一般不需要改变或创建新的端口，建议使用系统默认设置。

STEP 5 在"安装打印机驱动程序"对话框中，在左侧的列表框中选中打印机的厂商（即打印机的品牌），在右侧列表框中选中打印机的型号，如图 3-75 所示。

图 3-74 选择打印机端口　　　　　　　　图 3-75 选择打印机厂商和型号

STEP 6 单击"下一步"按钮，在"输入打印机名称"对话框中设置打印机的名称，一般使用默认设置即可，如图 3-76 所示。

STEP 7 单击"下一步"按钮，开始安装打印机驱动程序，安装完成后会弹出"打印机共享"对话框，选择是否共享打印机，这里选择"不共享这台打印机"单选项，如图 3-77 所示。

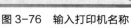 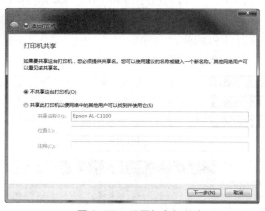

图 3-76 输入打印机名称　　　　　　　　图 3-77 设置打印机共享

STEP 8 单击"下一步"按钮，在打开的对话框中单击"完成"按钮即可完成打印机的添加。若要打印测试页，单击"打印测试页"即可，如图 3-78 所示。

2.删除及设置打印机

系统中已安装的打印机不需要了，可以将其删除。方法很简单，只需在"设备和打印机"窗口中，右键单击该打印机图标，在弹出的快捷菜单中单击"删除设备"命令，如图 3-79 所示，在弹出的"删除设备"对话框中单击"是"按钮即可。

在右键的下拉菜单中，选择"设置为默认打印机"命令后，每次打印时，此打印机是首选打印机。

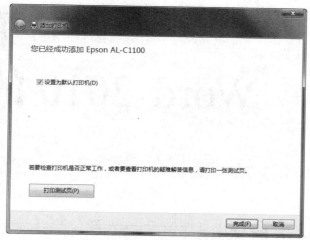

图 3-78　提示成功添加打印机

图 3-79　右键菜单

图 3-80　设置打印机选项

在下拉菜单中选择"打印首选项"命令，打开此打印机的"打印首选项"对话框，可以设置打印纸张大小、色彩、打印布局等。设置完成后，单击"确定"按钮即可，如图 3-80所示。

3.3.8　课后加油站

1. 考试重点分析

考生必须要掌握在控制面板中对各种应用进行设置，如设置 Windows 防火墙、备份与还原系统、家庭组的创建和管理等，以及了解这些设置的作用。

2. 过关练习

练习 1：启用 Windows 防火墙。

练习 2：利用系统镜像备份 Windows 7。

练习 3：新建家庭组。

练习 4：卸载不使用的软件。

练习 5：将安装的打印机设置为首选打印机。

练习 6：更改家庭组密码。

PART 4

第 4 章
Word 2010 的使用

4.1 Word 2010 概述

Word 是由 Microsoft 公司出版的一个文字处理器应用程序。Microsoft Word 2010 提供了许多编辑工具，可以使用户更轻松地制作出比以前任何版本都精美的、具有专业水准的文档。

4.1.1 Microsoft Office 2010 简介

Microsoft Office 2010 是微软推出新一代办公软件，开发代号为 Office 14。该软件共有 6 个版本，分别是初级版、家庭及学生版、家庭及商业版、标准版、专业版和专业高级版，Office 2010 可支持 32 位和 64 位 Vista 及 Windows7，仅支持 32 位 Windows XP，不支持 64 位 Windows XP。

Microsoft Office 2010 在旧版本的基础上，做出了很大的改进。在界面上，Office 2010 采用 Ribbon 新界面主题，使界面简洁明快，标识更新为全橙色；在功能上，新版本的 Microsoft Office 2010 进行了许多优化，如具有改进的菜单和工具、增强的图形和格式设置，同时也增加了许多新的功能，特别是在线应用，可以使用户更加方便、更加自由地去表达自己的想法，去解决问题以及与他人联系。

4.1.2 Word 2010 的新功能

Word 2010 在继承旧版本中的功能的同时，还增加了许多新的功能。

① 新增"文件"标签，管理文件更方便。

在 Word 2007 版中让用户较为不适应的是"文件"选项栏，即 Office 按钮。然而在 Word 2010 中，通过"文件"标签，可以对文档进行设置权限、共享文档、新建文档、保存文档、打印文档等操作。

② 新增字体特效，让文字不再枯燥。

在 Word 2010 中，用户可以为文字轻松地应用各种内置的文字特效，除了简单的套用，用户还可以自定义为文字添加颜色、阴影、映像、发光等特效，设计出更加吸引眼球的文字效果，让读者阅读文章时不会感觉到枯燥。

③ 新增图片简化处理功能，让图片更靓丽。

在 Word 2010 中，对于在文档中插入的图片，可以进行简单处理：不仅可以对图片增加各种艺术效果，还可以修正图片的锐度、柔化、对比度、亮度及颜色。这样简单处理图片就不需要使用专业的图片处理工具。

④ 快速抠图的好工具——"删除背景"功能。

"删除背景"功能是 Word 2010 新增加的一项功能。利用该功能，在文档中可以对图片进行快速"抠图"，方便而高效地将图片中的主题选取抠出来。

⑤ 方便的截图功能。

Word 2010 中增加了简单的截图功能，该功能可以帮助用户快速截取程序的窗口画面，且该功能还可以进行区域截图。

⑥ 优化的 SmartArt 图形功能。

Word 2010 的 SmartArt 图形中，新增了图形图片布局。利用该功能，可以在图片布局图表的 SmartArt 形状中插入图表，填写文字，就可以快速建立流程图、维恩图、组织结构图等复杂功能的图形，方便阐述案例。

⑦ 多语言的翻译功能。

为了更好地实现语言的沟通，Word 2010 进一步完善了许多语言功能。Word 2010 中新增的多语言翻译功能，不仅可以帮助用户进行文档、选定文字的翻译，还包含了即指即译功能，可以对文档中的文字进行即时翻译，如同一个简单的金山词霸。

⑧ 即见即得的打印预览效果。

在 Word 2010 中，将打印效果直接显示在打印标签的右侧。用户可以在左侧打印标签中进行调整，任何打印设置调整的效果都将即时地显示在预览框中，非常方便。

4.1.3 Word 2010 的启动和退出

1. 启动 Word 2010 应用程序

STEP 1 在桌面上单击左下角的"开始"按钮→"所有程序"→"Microsoft Office"→"Microsoft Office Word 2010"命令，如图 4-1 所示，可启动 Microsoft Office Word 2010 主程序，类似操作可以启动 Office 2010 中的其他程序。

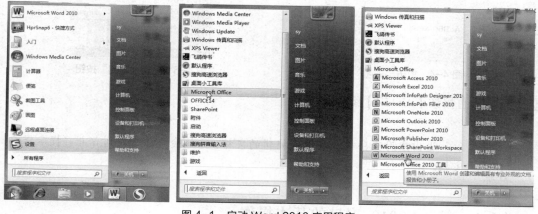

图 4-1 启动 Word 2010 应用程序

STEP 2 单击在桌面上单击左下角的"开始"按钮，在展开的菜单中依次单击 "所有程序→Microsoft Office →Microsoft Office Word 2010"（见图 4-2），接着再单击鼠标右键，在展开的下拉菜单中选择"发送到→桌面快捷方式"，双击桌面快捷方式图标（），即可启动 Microsoft Office Word 2010 主程序。如图 4-3 所示。

STEP 3 如果在任务栏上有"Microsoft Office Word 2010"的快捷方式，可直接单击快捷方式图标即可启动 Microsoft Office Word 2010 主程序。

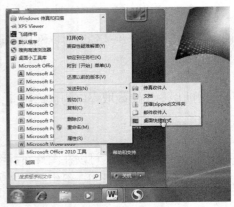

图4-2 发送快捷方式　　　　　　　　　图4-3 启动 Word 2010 应用程序

STEP 4 按下【Win+R】组合键，调出"运行"对话框，输入"Word"，接着单击"确定"按钮也可以打开 Word 2010。

2.退出 Word 2010 应用程序

STEP 1 打开 Microsoft Office Word 2010 程序后，单击程序右上角的关闭按钮（ ❌ ），可快速退出主程序，如图4-4所示。

STEP 2 打开 Microsoft Office Word 2010 程序后，右击开始菜单栏中的任务窗口，打开快捷菜单，选择"关闭"按钮，可快速关闭当前开启的 Word 文档。如果同时开启较多文档可用该方式分别进行关闭，如图4-5所示。

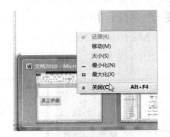

图4-4 单击"关闭"按钮　　　　　　　图4-5 使用"关闭"按钮

STEP 3 直接按【Alt+F4】组合键。

注意　　　　退出应用程序前没有保存编辑的文档，系统会弹出一个对话框，提示保存文档。

4.1.4 Word 2010 窗口的基本操作

启动 Word 2010 程序，打开操作界面，如图4-6所示。

Word 2010 工作窗口主要包括有标题栏、快速访问工具栏、菜单栏、功能区、标尺、文档编辑区、状态栏等。

● 标题栏：在窗口的最上方显示文档的名称。
● 窗口控制按钮：它的左端显示控制菜单按钮图标，其后显示文档名称。它的右端显示最小化、最大化/还原和关闭按钮图标。

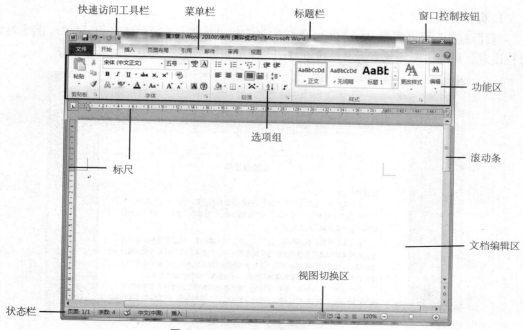

图 4-6 Word 2010 窗口组成元素

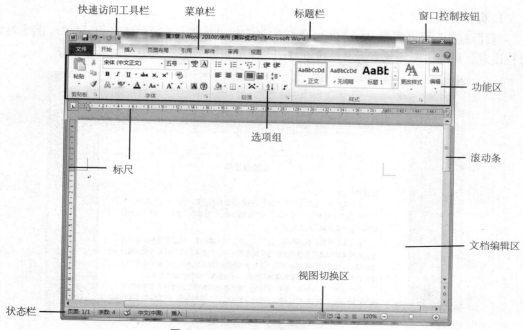

- 快速访问工具栏：显示在标题栏最左侧，包含一组独立于当前所显示选项卡的选项，是一个可以自定义的工具栏，可以在快速访问工具栏添加一些最常用的按钮。
- 菜单栏：显示 Word 2010 所有的菜单项，如：文件、开始、插入、页面布局、引用、邮件、审阅、视图菜单。
- 功能区：功能区中显示每个菜单中包括多个"选项组"，这些选项组中包含具体的功能按钮。
- 标尺：在 Word 中使用标尺可估算出编辑对象的物理尺寸，如通过标尺可以查看文档中图片的高度和宽度。标尺分为水平标尺和垂直标尺两种，默认情况下，标尺上的刻度以字符为单位。
- 文本编辑区：它是 Word 文档输入和编辑区域。
- 状态栏与视图切换区：文档的状态栏中，分别显示了该文档的状态内容，包括当前的页数/总页数，文档的字数，校对文档出错内容、语言设置、设置改写状态。视图切换区中，可显示视图的转换方式和调整文档显示比例。
- 滚动条和按钮：默认情况下，在文档编辑区域内仅显示 15 行左右的文字，因此为了查看文档的其他内容，可以拖动文档编辑窗口上的垂直滚动条和水平滚动条，或者单击上三角按钮▲或下三角按钮▼，使屏幕向上或向下滚动一行来查看，还可以单击"前一页"按钮✦和"下一页"按钮✦，向上向下滚动一页来查看。

4.1.5　Word 2010 文件视图

在 Word 2010 中提供了多种视图模式供用户选择，这些视图模式包括"页面视图"、"阅读版式视图"、"Web 版式视图"、"大纲视图"和"草稿视图"等视图方式。用户可以在菜单栏"视图"功能区中选择需要的文档视图模式，也可以在 Word 2010 文档窗口的右下方单击视图按钮"▨▨▨▨▨"选择相应视图。

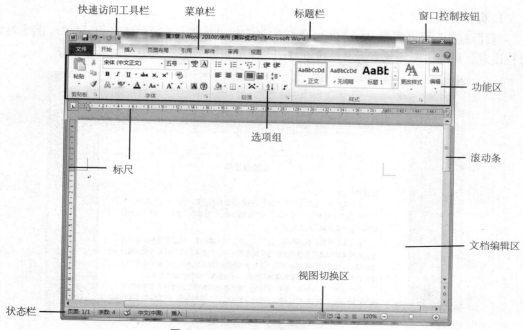

1.页面视图

"页面视图"可以显示 Word 2010 文档的打印结果外观，主要包括页眉、页脚、图形对象、分栏设置、页面边距等元素，是最接近打印结果的页面视图，如图 4-7 所示。

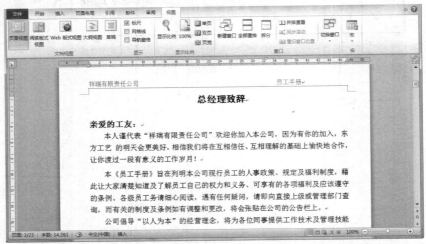

图 4-7　页面视图

2.阅读版式视图

"阅读版式视图"以图书的分栏样式显示 Word 2010 文档，"文件"按钮、功能区等窗口元素被隐藏起来。在阅读版式视图中，用户还可以单击"工具"按钮选择各种阅读工具，如图 4-8 所示。

3.Web 版式视图

"Web 版式视图"以网页的形式显示 Word 2010 文档，Web 版式视图适用于发送电子邮件和创建网页。

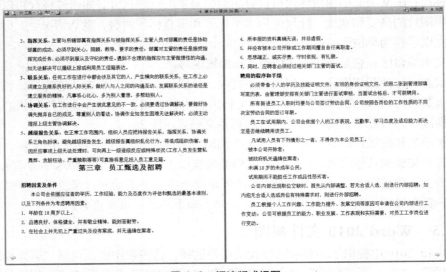

图 4-8　阅读版式视图

4.大纲视图

"大纲视图"主要用于 Word 2010 文档的设置和显示标题的层级结构，并可以方便地折叠和展开各种层级的文档。大纲视图广泛用于 Word 2010 长文档的快速浏览和设置中，如图 4-9 所示。

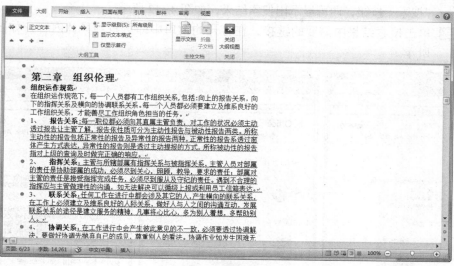

图 4-9　大纲视图

5. 草稿视图

"草稿视图"取消了页面边距、分栏、页眉页脚和图片等元素，仅显示标题和正文，是最节省计算机系统硬件资源的视图方式。现在计算机系统的硬件配置都比较高，基本上不出现由于硬件配置偏低而使 Word 2010 运行遇到障碍的问题，如图 4-10 所示。

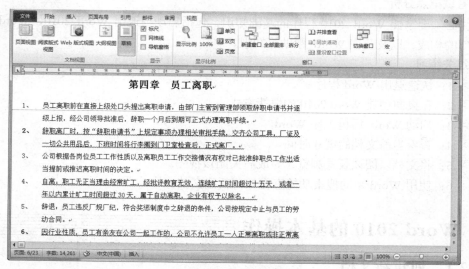

图 4-10　草稿视图

4.1.6　Word 2010 帮助系统

许多用户在使用 Microsoft Office 的过程中遇到问题时都不知所措，第一想法就是查阅相关资料或请教高手，这些方法固然可行，但在此之前一定不要忘了尝试使用 Microsoft Office 2010 的"帮助"功能。

STEP 1 单击 Word 2010 主界面右上角的❷按钮，打开 Word 帮助窗口，在该窗口中可以搜索帮助信息，如图 4-11 所示。

STEP 2 在"键入要搜索的关键词"文本框中输入需要搜索的关键词，如"视图"，单击"搜索"按钮，即可显示出搜索结果，如图 4-12 所示。

STEP 3 单击搜索结果中需要的链接，在打开的窗口中即可看到具体内容，如图 4-13 所示。

图 4-11　打开帮助界面

图 4-12　输入搜索内容

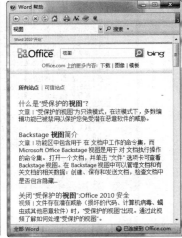
图 4-13　搜索结果

4.1.7　课后加油站

1.考试重点分析

考生必须要掌握 Word 2010 程序的基础知识，包括启动与退出 Word 2010，Word 2010 工作窗口的构成，以及获取 Word 帮助等知识。

2.过关练习

练习 1：快速退出 Word 程序。

练习 2：在桌面创建 Word 2010 的快捷方式。

练习 3：启动 Word 后再关闭 Word。

练习 4：查看当前文档的创建时间。

练习 5：将文档以阅读版式浏览，完成后关闭该视图。

练习 6：使用 Word 帮助搜索功能查看如何新建文档。

4.2　Word 2010 的基本操作

4.2.1　创建新文档

1.新建空白文档

空白文档分为三种情况：一般的空白文档、空白网页和空白电子邮件。新建空白文档有 4 种方法。

- 启动 Word 2010 时，如果没有指定要打开的文档，Word 会自动创建一个空白文档，并在标题栏上显示"文档一"。
- 单击"文件→新建→空白文档"，立即创建一个新的空白文档，如图 4-14 所示。

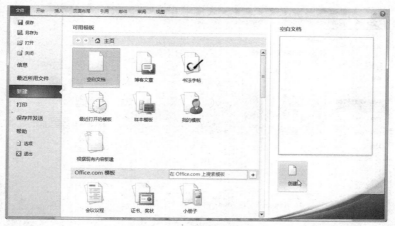

图 4-14　创建空白文档

- 直接按【Ctrl+N】组合键。
- 按组合键【Alt+F】打开"文件"下拉菜单，然后用上、下箭头移动光标到"新建"命令（或直接按【N】键）并按【Enter】键。

注意

- 新创建的空白文档，其临时文件名为"文档 1"，如果是第二次创建空白文档，其临时文件名为"文档 2"，其他的文件名依此类推。
- 空白文档是 Word 的常用文档模板之一，该模板提供了一个不含有任何内容和格式的空白文本区，允许自由输入文字处理，插入各种对象，设计文档的格式。
- 空白网页和空白电子邮件的创建方法与此类似，请您自己根据上述方法创建空白网页和空白电子邮件。

2. 根据内置模板新建文档

STEP 1 单击"文件→新建"标签，在右侧选中"样本模板"，如图 4-15 所示。

图 4-15　选择样本

STEP 2 在"样本模板"列表中选择适合的模板，如"原创报告"，如图 4-16 所示。
STEP 3 单击"新建"按钮即可创建一个与样本模板相同的文档，如图 4-17 所示。

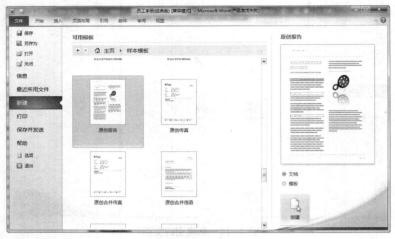

图 4-16 选择模板

图 4-17 新建的样本模板

3.根据 Office Online 上模板新建文档

STEP 1 单击"文件→新建"标签,在"Office Online"区域选择"贺卡",如图 4-18 所示。

图 4-18 选择模板样式

STEP 2 在"Office Online 模板"栏中选择"致谢",如图 4-19 所示。

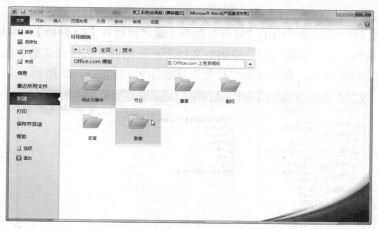

图 4-19 选择模板类型

STEP 3 在打开的菜单中选择"致谢卡",单击"下载"按钮,如图 4-20 所示。

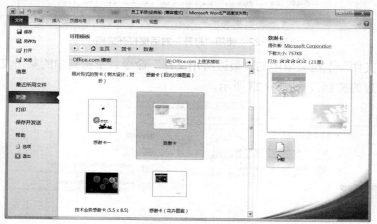

图 4-20 下载模板

STEP 4 即可在 Office Online 上下载所需的模板,如图 4-21 所示。

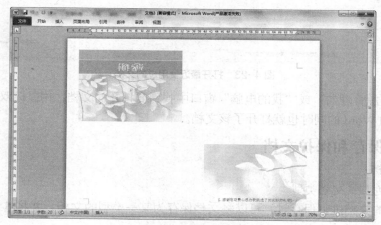

图 4-21 下载后的模板

4.2.2 打开已存在的文档

对一篇已经存在的文档进行查看、修改、编辑时，必须先打开此文档。

● 单击"文件"下拉菜单中的"打开"命令（或者直接按【Ctrl+O】组合键），弹出"打开"对话框。在"查找范围"中确定文档所在驱动器、文件夹，然后在文件列表中单击欲打开的文档名，最后单击"打开"按钮即可，如图 4-22 所示。

图 4-22　使用"打开"对话框打开文档

● 单击"文件"下拉菜单中的"最近所用文件"命令，单击其中的某一文件名，就可以打开相应的文档，如图 4-23 所示。

图 4-23　打开最近使用过的文档

● 在"资源管理器"或"我的电脑"窗口中找到要打开的文档，用鼠标双击文档图标，在启动 Word 的同时也就打开了该文档。

4.2.3 保存和保护文档

1. 保存文档

（1）保存为默认文档类型

在对创建的文档进行保存时，可以将文档保存为某一类型的文档，并将其设置为默认的文档保存类型。

STEP 1 单击"文件"→"选项"标签。

STEP 2 打开"Word 选项"对话框，在"保存"选项右侧单击"将文件保存为此格式"右侧下拉按钮，在下拉菜单中选择"Word 文档（*docx）"如图 4-24 所示。

图 4-24　设置默认保存类型

STEP 3 单击"确定"按钮，即可将"Word 文档（*docx）"作为所有新建文档的保存类型。

（2）保存支持低版本的文档类型

如果想要在只安装了 Office 低级版本，如 2003 版本的电脑上打开 Word 2010 文档，可以将文档保存为支持低版本的"Word 97-2003 文档（*doc）"。

STEP 1 单击"文件"→"另存为"标签。

STEP 2 打开"另存为"对话框，单击"保存类型"右侧下拉按钮，在下拉菜单中选择"Word 97-2003 文档（*doc）"，如图 4-25 所示。

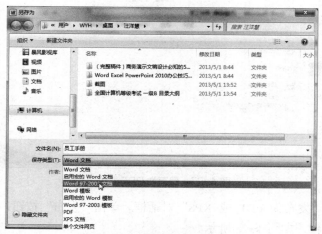

图 4-25　保存为低版本文档类型

STEP 3 单击"保存"按钮，即可将文档保存为支持低版本的文档类型。

（3）将文档保存为网页类型

如果想以网页的形式打开文档，可以将文档保存为网页形式。

STEP 1 单击"文件"→"另存为"标签。

STEP 2 打开"另存为"对话框，单击"保存类型"右侧下拉按钮，在下拉菜单中选择"网页"，如图 4-26 所示。

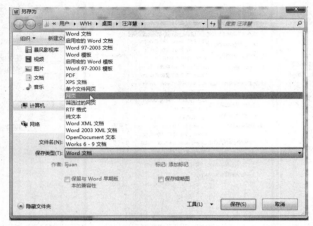

图 4-26 保存为网页类型

STEP 3 单击"保存"按钮，即可将文档保存为支持低版本的文档类型。

（4）将文档保存为 PDF 类型

为了防止文档被他人更改，可以将文档保存为 PDF 类型的文件，在打印时，也可以更加清晰。

STEP 1 单击"文件"→"保存并发送"标签，在"文件类型"区域选择"创建 PDF/XPS"文档类型，接着单击"创建 PDF/XPS"按钮，如图 4-27 所示。

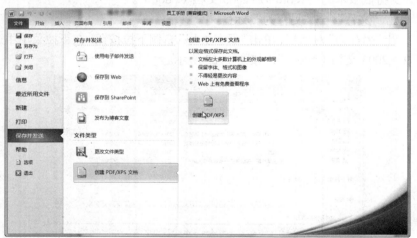

图 4-27 保存为 PDF 文件

STEP 2 打开的"发布为 PDF 或 XPS"对话框。单击"发布"按钮，即可将文档保存为 PDF 文件，如图 4-28 所示。

2. 保护文档

如果所编辑的文档是一份保密的问卷，不希望无关人员查看此文档，则可以给文档设置

"打开权限密码",使别人在没有密码的情况下无法打开此文档。另外,如果所编辑的文档允许别人查看,但禁止修改,可以给这种文档加一个"修改权限密码"。对设置了"修改权限密码"的文档别人可以在无指导口令的情况下以"只读"方式查看它,但无法修改它。

（1）设置"打开权限密码"

STEP 1 单击"文件"→"另存为"标签,打开"另存为"对话框。

STEP 2 在"另存为"对话框中,单击"工具"→"常规选项"命令,打开"常规选项"对话框,输入设定的密码,如图 4-29 所示。单击"确定"按钮,此时会出现一个"确认密码"对话框,要求用户再次输入所设置的密码,如图 4-30 所示。

图 4-28　发布为 PDF 文件

图 4-29　常规选项

STEP 3 再次输入所设置的密码并单击"确定"按钮。如果密码核对正确,则返回"另存为"对话框,否则出现"确认密码不符"的警示信息。此时只能单击"确定"按钮,重新设置密码。

STEP 4 返回到"另存为"对话框后,单击"保存"按钮即可存盘。

实现以上功能也可以单击"文件"→"信息"→"保存文档"→"用密码进行加密"命令,如图 4-31 所示,出现"加密文档"对话框,如图 4-32 所示。

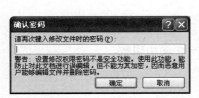

图 4-30　确认密码

图 4-31　用密码进行加密

密码设置完成后，以后再次打开此文档时，会出现"密码"对话框，如图 4-33 所示，要求用户输入密码以便核对。如密码正确，则文档打开；否则，文档不予打开。

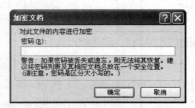

图 4-32　加密文档　　　　　　　　　图 4-33　密码对话框

（2）取消已设置的密码

STEP 1 用正确的密码打开文档，单击"文件"→"另存为"命令，打开"另存为"对话框。

STEP 2 在"另存为"对话框中，单击"工具"→"常规选项"命令，打开"常规选项"对话框。

STEP 3 在"打开文件时的密码"一栏中有一排"*"表示的密码，如图 4-34 所示。按【Delete】键删除密码，再单击"确定"按钮返回"另存为"对话框。

STEP 4 单击"另存为"对话框中的"保存"按钮。

此时，密码已被删除，以后再次打开此文件时就不需要密码了。

图 4-34　常规选项

（3）设置修改权限密码

如果所编辑的文档允许别人查看，但禁止修改，则可以通过设置"修改权限时的密码"实现。设置修改权限密码的步骤，与设置打开权限密码的操作步骤相似，不同的只是将密码输入图 4-29 中的"修改文件时的密码"的文本框中。打开文档的情形也很类似，此时"密码"对话框多了一个"只读"按钮，供不知道密码的人以只读方式打开它。

4.2.4　课后加油站

1.考试重点分析

考生必须要掌握 Word 2010 程序的创建和保存知识，包括创建空白文档、使用模板创建文档、将文档保存为网页、将文档保存为纯文本等知识。

2.过关练习

练习 1：利用模板对话框建立一个空白文档。

练习 2：建立一个基本报表。

练习 3：将当前文档另存为网页文档形式。

练习 4：将当前文档另存为纯文本类型。

练习 5：启动 Word 后，在 Office Online 上下载一个简历模板。

4.3　Word 2010 文本操作与编辑

4.3.1　文本输入与特殊符号的输入

Word 2010 的基本功能是进行文字的录入和编辑工作，本章节主要针对文本录入时的各种技巧进行具体介绍。

1. 输入文本

输入文本时先不必考虑格式，在新建或已有文档中，鼠标标识是一个跟随鼠标移动的大写 I 字母；光标是一个闪烁地出现在行上的黑色竖线，该竖线称为插入点，它表明输入的字符将出现的位置。在编辑文档过程中，首先要确定光标的位置，才能输入文本。用户可以使用鼠标单击插入点位置来调动光标，也可以使用键盘使光标移动。

（1）手动输入文本

STEP 1 打开 Word 文档后，直接手动输入文字即可。

STEP 2 输入时，光标自动向后移。但输入到行尾时，不必按【Enter】键，Word 将自动换行；当输入到段落结束时，应按【Enter】键可分段插入一个段落标记。

STEP 3 如果前一段的开头输入了空格，段落首行将自动缩进。输入满一页将自动分页，如果对分页的内容进行增删，这些文本会在页面间重新调整，按【Ctrl+Enter】组合键可强制分页，即加入一个分页符，确保文档在此处分页。

（2）利用"复制+粘贴"录入文本

STEP 1 打开参考内容的文本，选择需要复制的文本内容，按【Ctrl+C】组合键或单击鼠标右键，打开快速选项菜单，选择"复制"命令，如图 4-35 所示。

STEP 2 将光标定位在文本需要粘贴的位置，按【Ctrl+V】组合键进行粘贴，完成文本的粘贴录入，如图 4-36 所示。

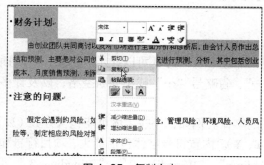

图 4-35　复制文本

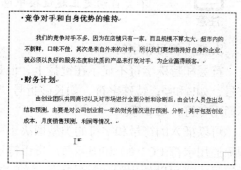

图 4-36　粘贴文本

2. 自动更正

使用"自动更正"，可以自动检测和更正输入错误、错误拼写的单词和不正确的大写。例如，如果输入"teh"和一个空格，"自动更正"将输入的内容替换为"the"。如果输入"This is theh ouse"和一个空格，"自动更正"将输入的内容替换为"This is the house"。也可使用"自动更正"快速插入在内置"自动更正"词条中列出的符号。例如，输入"（c）"插入 ©。设置自动更正可按以下操作步骤。

STEP 1 单击"文件"下拉菜单中的"选项"命令，打开"选项"对话框。在左侧窗格单击"校对"选项，在右侧窗格单击"自动更正选项"按钮，如图 4-37 所示。

STEP 2 打开"自动更正"对话框，选中各选项，如图 4-38 所示。

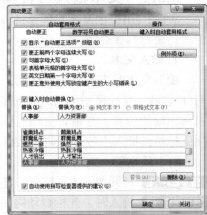

图 4-37　选择自动更正选项　　　　　　　图 4-38　自动更正文本

STEP 3 如果内置词条列表不包含所需的更正内容，可以添加词条。方法是在"替换"框中，输入经常拼写错误的单词或缩略短语，如"人事部"，在"替换为"框中，输入正确拼写的单词或缩略短语的全称，如"人力资源部"，单击"添加"按钮即可。

STEP 4 可以简单地删除不需要的词条或添加自己的词条。

注意　　不会自动更正超链接中包含的文字。

3. 插入符号和字符

符号和特殊字符不显示在键盘上，但是在屏幕上和打印时都可以显示。例如，可以插入符号，如¼和©；特殊字符，如长破折号"——"、省略号"…"或不间断空格；以及许多国际通用字符，如ĕ等。

可以插入的符号和字符的类型取决于可用的字体。例如，一些字体可能包含分数（¼）、国际通用字符（Ç、ĕ）和国际通用货币符号（£、¥）。内置符号字体包括箭头、项目符号和科学符号。还可以使用附加符号字体，如"Wingdings"、"Wingdings 2"、"Wingdings 3"等，它包括很多装饰性符号。

可以使用"符号"对话框选择要插入的符号、字符和特殊字符，然后单击"插入"按钮插入之。已经插入的"符号"保存在对话框中的"近期使用过的符号"列表中，再次插入这些符号时，可以直接单击相应的符号即可，而且可以调节"符号"对话框的大小，以便可以看到更多的符号。还可以通过为"符号、字符"指定快捷键，以后通过快捷键直接插入之。还可以使用"自动更正"将输入的文本自动替换为符号。

插入符号的操作步骤如下。

STEP 1 在文档中，单击要插入符号的位置。

STEP 2 在"插入"→"符号"选项组单击"符号"按钮，弹出"符号"对话框，再选择"符号"选项卡，如图 4-39 所示。

STEP 3 在"字体"框中选择所需的字体。

STEP 4 插入符号：双击要插入的符号。或单击要插入的符号，再按"插入"按钮，完成后单击"关闭"按钮。

插入特殊字符的操作步骤如下。

STEP 1 在文档中，单击要插入字符的位置。

STEP 2 单击"插入"→"符号"，选择"特殊字符"选项卡。

STEP 3 双击要插入的字符，完成后单击"关闭"按钮。

字符的插入、删除和修改

① 插入字符。首先把光标移到准备插入字符的位置，在"插入"状态下输入待添加的内容即可。对新插入的内容，Word 将自动进行段落重组。如系统处于"改写"状态下，输入内容将代替插入点后面的内容。

② 删除字符。首先把光标移到准备删除字符的位置，删除光标后边的字符按【Delete】键，删除光标前边的字符按【BackSpace】键。

③ 修改字符。有以下两种方法。

方法一：首先把光标移到准备修改字符的位置，先删除字符，再插入正确的字符。

方法二：首先把光标移到准备修改字符的位置，先选择要删除的字符，再插入正确的字符。

4. 插入脚注和尾注

在编辑文章时，常常需要对一些从别的文章中引用的内容、名词或事件加注释。Word 提供的插入脚注和尾注功能，可以在指定的文字处插入注释。脚注和尾注实现了这一功能唯一的区别是：脚注是放在每一页面的的底端，而尾注是放在文档的结尾处。插入脚注和尾注的操作步骤如下。

STEP 1 将插入点移到需要插入脚注或尾注的文字之后。

STEP 2 在菜单栏单击"引用"，选择"插入脚注"或"插入尾注"命令。

注意 这个操作可通过单击"引用"选项卡"脚注"组中右下角的"箭头" 实现，打开"脚注和尾注"对话框，如图 4-40 所示。在对话框中选定"脚注"或"尾注"单选项，设定注释的编号格式、自定义标记、起始编号和编号方式等。

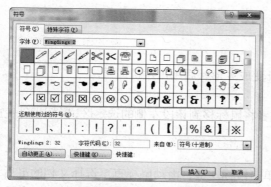

图 4-39 插入符号

图 4-40 插入脚注和尾注

STEP 3 输入注释内容。

注意　　　如果要删除脚注或尾注，则选定脚注或尾注号后按【Delete】键。

5. 插入日期和时间

在 Word 文档中可以插入日期和时间，其操作步骤如下。

STEP 1 将插入点移到要插入日期和时间的位置处。

STEP 2 在菜单栏单击"插入"，选择"日期和时间" 📇日期和时间 命令，打开"日期和时间"对话框，如图 4-41 所示。

STEP 3 在"语言"下拉列表中选定"中文（中国）"或"英文（美国）"，在"可用格式"列表框中选定所需的格式。如果选定"自动更新"复选框，则所插入的日期和时间会自动更新，否则保持插入时的日期和时间。

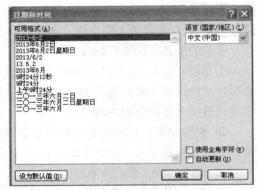

图 4-41 "日期和时间"对话框

STEP 4 单击"确定"按钮，即可在插入点处插入当前的日期和时间。

6. 插入另一个文档

利用 Word 插入文件的功能，可以将几个文档连接成一个文档。其操作步骤如下。

STEP 1 将插入点移到需要插入另一文档的位置。

STEP 2 在菜单栏单击"插入"→"对象" 🖼对象· →"文件中的文字"命令，打开"插入文件"对话框。

STEP 3 在"插入文件"对话框中选定所要插入的文档。选定文档的操作与使用"打开"对话框选定文档的操作类似（详见"4.2.2 打开已存在的文档"一节）。

4.3.2 文本内容的选定

在设置某些文字或段落的格式时，首先要选定它们，选定的文字将反衬显示。选定方法常用鼠标拖动或页面左侧单击的方法，也可以用键盘选定，另外还可以使用键盘和鼠标相互配合进行选定的方法。

1. 选定一个字或词

双击该字或词即可选定。

2. 选定一行

将鼠标移到该行左侧的选区，鼠标指针变成 ▷ 形状后单击左键即可。

3. 选定一段

在该段落的任意位置三击鼠标左键，或者将鼠标移到该段左侧的选定区，鼠标指针变成 ▷ 形状时双击左键。

4. 选定任意长度的连续文本

将鼠标移到要选定文本的开始位置，单击鼠标左键，滑动鼠标直至选择文档的最后，松开鼠标，完成连续文档的选择。也可单击要选定文本的开始位置，然后按住【Shift】键，单击要选定文本的末尾。

5. 选择不连续文档

使用鼠标拖动的方法将不连续的第一个文字区域选中，接着【Ctrl】键不放，继续用鼠标拖动的方法选取余下的文字区域，直到最后一个区域选取完成后，松开【Ctrl】键即可。

6. 选定一块矩形文本块

将鼠标移到要选定文本区域的左上角，然后按住【Alt】键，拖动鼠标至文本块的右下角。

7. 选定文档全部内容

利用鼠标选定

将鼠标移到页面左侧，鼠标指针变成 形状，三击左键。

利用"全选"选项

打开文档，在"开始"→"编辑"选项组单击"选择"下拉按钮，在下拉菜单中选择"全选"命令，即可选中全部文档内容。

使用快捷键

① 打开文档，按【Ctrl+A】组合键即可选中整个文档。

② 打开文档，按【Ctrl+Home】组合键，将光标移至文档首部，再按【Ctrl+Shift+End】组合键，即可选中整篇文档。.

③ 打开文档，按【Ctrl+End】组合键，将光标移至文档尾部，再按【Ctrl+Shift+Home】组合键，即可选中整篇文档。

8. 妙用【F8】键逐步扩大选取范围

① 按1次【F8】键将激活扩展编辑状态。

② 按2次【F8】键将选中光标所在位置的字或词组。

③ 按3次【F8】键将选中光标所在位置的整句。

④ 按4次【F8】键将选中光标所在位置的整个段落。

⑤ 按5次【F8】键将选中整个文档。

注意　　　　取消选定文本：请单击屏幕上的任意位置。

4.3.3　文本内容的插入和删除

当输入一段文本后，可能发现前面的输入漏掉了某些文字，或者前面的输入有误，这时需要对文本内容进行插入、修改和删除操作。

1. 插入和改写文本

文本编辑中，Word 有两种编辑状态："插入"和"改写"。默认状态是"插入"，即在插入点输入的新内容不会覆盖原来的内容，否则即为"改写"状态。一般习惯使用"插入"状态。

"插入"和"改写"两种编辑形式是可以转换的，其转换方法是按【Insert】键或用鼠标单击状态栏上的"插入"标志。

2. 删除文本

输入文本时，可能输入了不需要的词语，利用 Word 的删除功能很容易把它们删除掉。

① 按【Backspace】键可以删除光标左边的一个字符。

② 按【Delete】键可以删除光标右边的一个字符包括回车符。

③ 选定要删除的文本，按【Backspace】键或【Delete】键。

④ 选择"编辑"→"清除"命令删除选定的连续文本。

4.3.4 文本内容移动

通过移动可以快速将文本放至合适的位置，具体操作步骤如下。

1. 移动文本位置

STEP 1 选择需要移动的文本，将鼠标指针指向选定的文本区，鼠标指针变成 ↖ 形状，按住左键，将该文本块拖动到目标位置（可见一虚线光标跟随移动来制定目标位置），然后松开鼠标，完成移动文本。

STEP 2 拖动鼠标选择需要移动的文本块或段落，结束选择后，单击鼠标右键，弹出下拉菜单，选择"剪切（T）"选项或者按【Ctrl+X】组合键，将光标定位在需要文档移动的位置处，单击鼠标右键，弹出"选择"选项，在"粘贴选项"下，单击"保留源格式（K）"按钮（ 📝 ），或者按【Ctrl+V】组合键完成文本内容的移动。

2. 移动光标位置

移动光标位置的方法主要有两种。

① 利用鼠标移动光标。

用鼠标把"I"光标移到特定位置，单击即可。

② 利用键盘移动光标。

相应的操作如表 4-1 所示。

表 4-1　光标移动键的功能列表

按　　键	插入点的移动
↑/↓，←/→	向上/下移一行，向左/右侧移动一个字符
Ctrl+←/Ctrl+→	左移一个单词/右移一个单词
Ctrl+↑/Ctrl+↓	上移一段/下移一段
Page Up/Page Down	上移一屏（滚动）/下移一屏（滚动）
Home/End	移至行首/移至行尾
Tab	右移一个单元格（在表格中）
Shift+Tab	左移一个单元格（在表格中）
Alt+Ctrl+Page Up/Alt+Ctrl+Page Down	移至窗口顶端/移至窗口结尾
Ctrl+Page Down/Ctrl+Page Up	移至下页顶端/移至上页顶端
Ctrl+Home/Ctrl+End	移至文档开头/移至文档结尾
Shift+F5	移至前一处修订
Shift+F5	移至上一次关闭文档时插入点所在位置

4.3.5 文本内容复制与粘贴

STEP 1 选择需要复制的文本，将鼠标指针指向选定的文本区，鼠标指针变成 ↖ 形状，按住【Ctrl】键，将该文本块拖动到目标位置（可见一虚线光标跟随移动来制定目标位置），然后松开鼠标和【Ctrl】键，完成复制文本。

STEP 2 拖动鼠标选择需要移动的文本块或段落，结束选择后，单击鼠标右键，弹出下拉菜单，选择"复制（C）"选项或者按【Ctrl+C】组合键，将光标定位在需要文档复制的位置处，单击鼠标右键，弹出"选择"选项，在"粘贴选项"下，单击"保留源格式（K）"按钮（），或者按【Ctrl+V】组合键完成文本内容的复制。

4.3.6 Office 剪贴板

使用 Office 剪贴板可以从任意数目的 Office 文档或其他程序中收集文字、表格、数据表和图形等内容，再将其粘贴到任意 Office 文档中。例如，可以从一篇 Word 文档中复制一些文字，从 Microsoft Word 中复制一些数据，从 Microsoft PowerPoint 中复制一个带项目符号的列表，从 Microsoft FrontPage 复制一些文字，从 Microsoft Access 中复制一个数据表，再切换回 Word，把收集到的部分或全部内容粘贴到 Word 文档中。

Office 剪贴板可与标准的"复制"和"粘贴"选项配合使用。只需将一个项目复制到 Office 剪贴板中，然后在任何时候均可将其从 Office 剪贴板中粘贴到任何 Office 文档中。在退出 Office 之前，收集的项目都将保留在 Office 剪贴板中。

4.3.7 选择性粘贴的使用

在复制文本或者 Word 表格后，可以将其粘贴为指定的样式，这样就需要用到 Word 的选择性粘贴功能。

STEP 1 选择需要复制的内容，按【Ctrl+C】组合键进行复制。

STEP 2 选定需要粘贴的位置，在"开始"→"剪贴板"选项组单击"粘贴"下拉按钮，在下拉菜单中选择"选择性粘贴"命令。

STEP 3 打开"选择性粘贴"对话框，在"形式"列表中选择一种适合的样式，如图 4-42 所示。

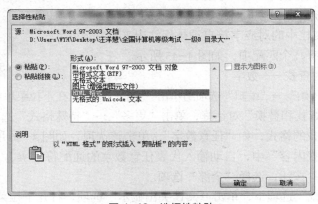

图 4-42 选择性粘贴

STEP 4 单击"确定"按钮，即可以指定样式粘贴复制的内容。

> **注意** 在图 4-42 中，选择"粘贴链接"单选框，即可创建粘贴内容与原内容之间的内在链接。

4.3.8 文件内容查找与定位

在编辑长文档时，为了查找其中某一页的内容，利用鼠标滚动的方法会很浪费时间，利用如下技巧可以快速定位到某一页，或定位到指定的对象，具体的操作方法如下。

STEP 1 打开长篇文档，单击"开始"→"编辑"选项组中单击"替换"按钮，如图 4-43 所示。

STEP 2 打开"查找和替换"对话框，选择"定位"选项下的"定位目标"列表框中选中"页"选项，接着在"输入页号"文本框中输入查找的页码（如：8）单击"定位"按钮确定，如图 4-44 所示。

图 4-43 选择编辑选项   图 4-44 定位指定页

STEP 3 自动关闭"查找和替换"对话框，文档自动定位到指定页。

4.3.9 文件内容的替换

在长篇文档内用户可以通过查找的方式快速找到需要的文本，无论是普通文本还是具有特殊条件的文本，都可以快速完成查找，下面就具体介绍如何进行查找。

1. 文件内容的查找

（1）普通查找

STEP 1 单击"开始"→"编辑"选项组中单击"查找"按钮，在下拉菜单中选择"查找"命令，或者按【Ctrl+F】组合键。

STEP 2 在"导航"菜单栏里，输入需要查找的文字。如"办法"，文档中的对应字符自动被标注出来，并显示文本中有几个匹配项，如图 4-45 所示。

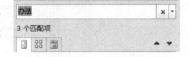

图 4-45 搜索"办法"字样

（2）特殊文本的查找——数字

STEP 1 单击"开始"→"编辑"选项组单击"查找"按钮，在下拉菜单中选择"高级查找"。

STEP 2 打开"查找和替换"对话框，单击"更多"→"特殊格式"选项，打开下拉菜单，选择查找的格式，如"任意数字"，单击该选项，如图 4-46 所示。

STEP 3 在"查找内容"中，自动输入代表任意数字的通配符（^#）。在"搜索"选项中单击下拉按钮，选择"全部"选项。

STEP 4 在"查找"选项下，单击"阅读突出显示"选项，打开下拉菜单，选择"全部突出显示"。如图 4-47 所示。

STEP 5 文档中所有的数字均查找完毕并标注完成，用户可以快速浏览文本所有的数字以查找位置。

2. 文件内容的替换

当用户需要对整篇文档中所有相同的部分文档进行更改时，可以采用替换的方法快速达到目的，下面就具体介绍使用方法。

（1）普通的替换

STEP 1 单击"开始"→"编辑"选项组中单击"替换"按钮，打开"查找和替换"对话框，或者按【Ctrl+H】组合键调出该对话框。

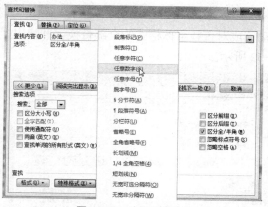

图 4-46　选择任意数字

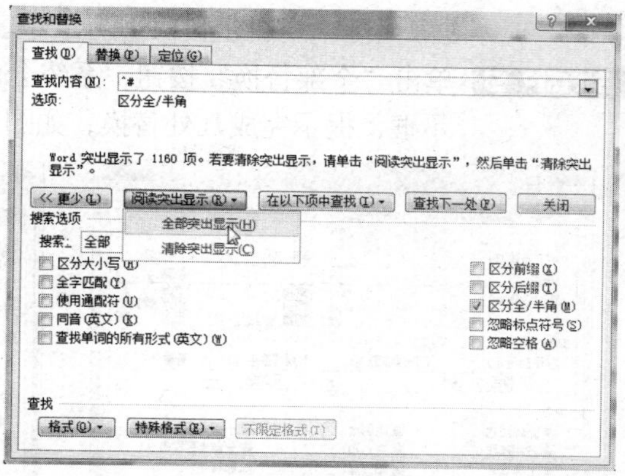

图 4-47　全部突出显示

STEP 2 在"替换"选项下的"查找内容"中输入查找字符，在"替换为"输入栏中输入替换内容，如查找"办法"字符，替换为"方法"，单击"替换"按钮，如图 4-48 所示，每单击一次则自动查找并替换一处。

STEP 3 不断重复按"替换"按钮，直至到文档最后，完成文档内所有的查找内容均被替换的操作，如将"办法"替换为"方法"。

图 4-48　替换文本内容

（2）特殊条件的替换——字体替换

STEP 1 按【Ctrl+H】组合键调出"替换"对话框。单击"更多"按钮，打开隐藏的更多选项。

STEP 2 打开隐藏选项，单击"查找内容"输入框，定位光标，再单击"格式"按钮打开下拉菜单，选择"字体"选项，如图 4-49 所示。

STEP 3 打开"查找字体"对话框，在"字体"选项卡下，设置需要查找的字体样式，如"中文字体"为"宋体"，"字号"为"五号"，单击"确定"按钮，如图 4-50 所示。

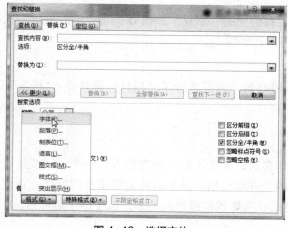

图 4-49　选择字体

图 4-50　替换前字体

STEP 4 将光标定位在"替换为"输入栏中，再单击"格式"选项打开下拉菜单，选择"字体"，打开"替换字体"对话框，在"字体"选项卡下，设置需要替换的字体样式，如"中文字体"为"楷体"，"字号"为"小四"，单击下方的"确定"按钮

（ 确定 ），如图 4-51 所示。

STEP 5 单击"全部替换"按钮，系统会自动完成对查找字体格式的全部替换，并弹出提
示框，提示完成几处替换，如图 4-52 所示。

图 4-51　替换后的字体

图 4-52　全部替换

4.3.10　撤销、恢复与重复

1.操作的撤销

编辑文本时，如果遇到误操作，删除了不该删的内容，设置了不该设置的格式，这些都
可以非常方便地撤销所做的操作。

按【Ctrl+Z】组合键或单击"常用"工具栏上的"撤销"按钮 ↶▾，均可撤销上一步所做
的操作。如果要撤销多次操作，可单击"撤销"按钮旁边的下拉按钮，在出现的下拉列表框
中按照从后到前的顺序撤销已经执行的操作。

2.操作的恢复

恢复操作可恢复上一步的撤销操作，每执行一次恢复操作只能恢复一次，如果需要恢复
前面的多次操作则需要多次执行恢复操作。

按【Ctrl+Y】组合键或单击"常用"工具栏上的"恢复"按钮 ↷，均可恢复最近一次撤
销操作。连续按【Ctrl+Y】组合键可恢复多次撤销操作。

注意　　　　撤销操作与恢复操作是相对应的，只有执行了"撤销"操作后，"恢复"
命令才可用。

3.操作的重复

在编辑文本过程中有时会重复一个操作多次，如在不同的地方输入同一个词，或是设置
一个词的同一格式，或是表格编辑时多次的合并单元格，诸如这些需要重复的操作，可使用
【F4】键实现。方法是：首先操作一次，然后在需要重复操作的地方，按【F4】键即可。

4.3.11　课后加油站

1.考试重点分析

考生必须要掌握 Word 2010 程序的基础知识，包括启动与退出 Word 2010，Word 2010
工作窗口的构成，创建、保存、打开、关闭 Word 工作簿，以及获取 Word 帮助等知识。

2. 过关练习

练习1：使用工具栏剪切选中的文字，再撤销已剪切的文字。

练习2：在文档中输入"奥运加油"，再撤销已输入的文字。

练习3：利用菜单将选中的段落复制到文档末尾。

练习4：删除文档中的第一段和第三段。

练习5：将插入点定位在第30行。

练习6：在文档中查找出所有"礼仪"的字符串。

练习7：将第一处查找到的"介绍"替换为"简介"。

4.4 文本与段落格式设置

4.4.1 字体、字号和字形设置

设置字符的基本格式是 Word 对文档进行排版美化的最基本操作，其中包括对文字的字体、字号、字形、字体颜色和字体效果等字体属性的设置。

通过设置 Word 2010 的字体、字号及字形，可以快速为文档中的字体设置不同的字体格式。如图 4-53 所示，图中给出了部分字体选项卡的属性。

> Word 2010 字体选项组包含的属性包括：
> 字体：宋体、楷体、隶书、微软雅黑、幼圆、黑体
> 仿宋、方正舒体、方正姚体、华文彩云
> 字号：八号、七号、六号、六号、小五、五号、小四
> 四号、小三、三号、小二、二号
> 字形：**加粗**、*倾斜*、常规、***加粗倾斜***

图 4-53　字体选项卡效果

1. 用"开始"功能区的"字体"组设置文字的字体、字号和字形

STEP 1 选定要设置格式的文本。

STEP 2 单击"开始"选项卡，在"字体"工具组中单击"字体"框旁的下拉按钮。

STEP 3 在弹出的列表中便可见各种字体的外观，单击目标字体，即可将文本字体设置为对应目标字体，类似的方法设置字形及字号。

2. 用"字体"对话框设置文字的字体、字号和字形

STEP 1 选定要设置格式的文本。

STEP 2 单击鼠标右键，在随之打开的快捷菜单中选择"字体"，或者单击"开始"选项卡，在"字体"工具组中单击快捷按钮 按钮，打开"字体"对话框，如图 4-54 所示。

STEP 3 单击"字体"选项卡，可以设置字体、字形及字号，如图 4-55 所示。

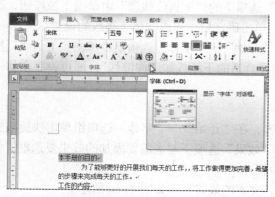

图 4-54　选择快捷按钮

图 4-55　在字体对话框设置字形

4.4.2 颜色、下画线与文字效果设置

通过设置 Word 2010 的字符属性，可以使文档更加易读，整体结构更加美观。如图 4-56 所示，图中给出了 Word 2010 的字符颜色、下画线和文字效果。

> 颜色、下划线、文字效果包含：
>
> 颜色：包含 256*256*256 种颜色
> 　　标准色包含：深红、红色、橙色、　　、浅绿、
> 　　　　　　　　绿色、浅蓝、蓝色、深蓝、紫色。
>
> 下划线：下划线、双下划线、粗线、波浪线。
>
> 文字效果：删除线、双删除线、上标 M²、下标 H₂O、
> 　　　　　　小型大写字母 ABC、全部大写字母 ABC。

图 4-56　字符属性的部分设置效果

1.设置颜色

- 选择需要设置颜色的文本内容，在"开始"→"字体"选项组单击快捷按钮 ，打开"字体"对话框，在"所有文字"选项下的"字体颜色"中单击下拉按钮，选择合适的字体颜色，如"紫色"，如图 4-57 所示，单击确定后，完成字体颜色的设置。
- 选择需要设置颜色的文本内容，在"开始"→"字体"选项组中单击"字体颜色"按钮（ ），打开下拉颜色菜单，选择合适的颜色如"紫色"，如图 4-58 所示，即可设置字体颜色。

图 4-57　在"字体"对话框设置字体颜色

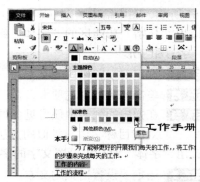

图 4-58　在菜单栏设置字体颜色

2.设置下画线

- 选择需要设置下画线的文本内容，在"开始"→"字体"选项组单击快捷按钮 ，打开"字体"对话框，在"所有文字"选项下的"下划线线型"中单击下拉按钮，选择合适的字体下画线，如"波浪线"，单击确定后，完成字体下画线的设置。
- 选择需要设置下画线的文本内容，在"开始"→"字体"选项组中单击"下划线"按钮（ ），打开下拉下画线菜单，选择合适的下画线如"波浪线"，即可设置字体下画线。

3.文本特殊效果设置

STEP 1 选择需要设置特殊效果的文本内容，在"开始"→"字体"选项组单击快捷按钮（ ），打开"字体"对话框，在"效果"选项下勾选需要添加的效果复选框，如勾选"空心"复选框，如图 4-59 所示。

STEP 2 完成设置后，单击"确定"按钮，文本的最终显示如图 4-60 所示。

图 4-59 选择"空心"样式

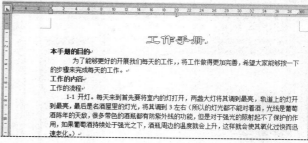

图 4-60 空心字体效果

4.4.3 格式的复制（格式刷）

在编辑文档时，利用 Word 的格式复制功能，可以简化大量的格式设置工作。使用"格式刷"就可以复制选定的格式，其操作步骤如下。

STEP 1 选定已设置好格式的文本或段落，单击"常用"工具栏上的"格式刷"按钮，鼠标指针变成刷子形状。

STEP 2 选定要应用此格式的文本，则选定的字符被格式化，鼠标指针还原成 I 形。

如果要将选定的格式复制到文档的多个地方，则在第①步双击"格式刷"按钮，依次选定要使用该格式的文本，复制完后，按【Esc】键或再次单击"格式刷"按钮，格式复制结束，鼠标指针还原。

如果要清除已经设置的字符格式或段落格式，使其恢复为 Word 默认的格式，则只要选定已经设置了格式的文本或段落，然后按【Ctrl+Shift+Z】组合键即可。

4.4.4 段落格式设置

Word 中的段落是指相邻两个回车符之间的内容。回车符是段落的结束标记，它不仅表示一个段落的结束，而且还保存段落的格式信息。按【Enter】键开始一个新的段落时，Word 会复制前一段中所包含的格式信息。

段落的格式设置主要包括：段落对齐、段落缩进、调整间距等。

如果只对一个段落进行格式设置，无需选定，只要将光标定位在该段的任意位置即可。如果对连续多个段落进行相同的格式设置，必须先选定这些段落。

1. 设置段落的对齐方式

段落的对齐方式是指段落内容在其左、右边界之间的排列方式。Word 2010 提供了 5 种对齐方式：左对齐、居中对齐、右对齐、两端对齐和分散对齐。

（1）通过快捷方式快速设置

STEP 1 选择需要设置对齐方式的文本段落，在"开始"→"段落"选项组单击"居中"按钮或者按【Ctrl+E】组合键，如图 4-61 所示。

STEP 2 单击按钮后，所选段落完成居中对齐设置，效果如图 4-62 所示。

（2）通过段落选项框设置

STEP 1 选择需要设置对齐方式的文本段落，如图 4-61 所示，在"开始"→"段落"选项组单击快捷按钮（），打开"段落"对话框，切换到"缩进和间距"选项下，在"常规"下的"对齐方式"选项中，单击下拉按钮，选择合适的对齐方式，如选择"居中"方式，如图4-63所示，单击"确定"按钮。

图4-61　在菜单栏选择"居中"样式　　　　　　　　　图4-62　选择文本

STEP 2　完成设置后，所选段落完成居中对齐设置。

2.文本缩进

文本与页边距之间的距离决定了段落到左或右页边距的距离，可以增加或减少一个段落或一组段落的缩进，还可以创建一个反向缩进（即凸出），使段落超出左边的页边距，还可以创建一个悬挂缩进，段落中的第一行文本不缩进，但是下面的行缩进。可以在"开始"→"段落"选项组单击"减少缩进量"和"增加缩进量"按钮，对文本进行缩进设置，如图4-64所示。

图4-63　在字体对话框设置对齐方式　　　　　　图4-64　设置缩进效果

（1）通过段落对话框设置

STEP 1　选择需要进行段落缩进的文本内容，在"开始"→"段落"选项组中单击快捷按钮，打开段落对话框，切换至"缩进和间距"选项，在"缩进"栏下，单击"特殊格式"下的下拉按钮，在下拉菜单中选择"首行缩进"选项，如图4-65所示。

STEP 2　完成设置后，单击"确定"按钮，所选段落完成首行缩进的设置，效果如图4-66所示。

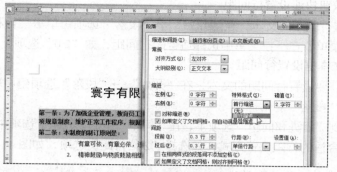

图 4-65　设置首行缩进

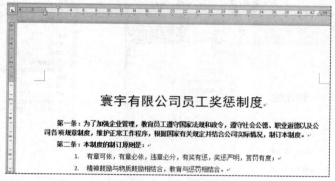

图 4-66　首行缩进效果

（2）通过标尺设置

将光标定位在需要进行段落缩进的开始处，拖动该标尺上的滑块（▽）至合适的缩进距离，如拖动水平标尺至 2 字符处，如图 4-67 所示，完成首行缩进 2 个字符，松开鼠标即可。

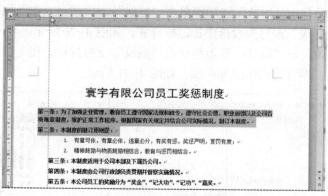

图 4-67　使用标尺调整缩进距离

4.4.5　段落间距设置

行间距是指从一行文字的底部到另一行文字底部的间距，其大小可以改变。Word 将调整行距以容纳该行中最大的字体和最高的图形。它决定段落中各行文本间的垂直距离。其默认值是单倍行距，意味着间距可容纳所在行的最大字体并附加少许额外间距。如果某行包含大字符、图形或公式，Word 将增加该行的行距。如果出现某些项目显示不完整的情况，可以为其增加行间距，使之完全表示出来。

1. 通过快捷按钮快速设置行间距

选择需要设置行间距的文本，在"开始"→"段落"选项组单击"行和段落间距"按钮（ ≡▾ ），打开下拉菜单，在下拉菜单中选择适合的行间距，如"2.0"选项，如图4-68所示。

2. 通过段落文本框设置行间距

STEP 1 选择需要设置行间距的文本，在"开始"→"段落"选项组中单击快捷按钮 ▣ ，打开"段落"对话框。

STEP 2 切换到"缩进和间距"选项下，在"间距"下的"行距"选项中，单击下拉按钮，选择合适的行距设置方式，如选择"2 倍行距"选项，如图4-69所示。

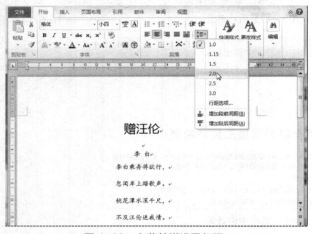

图4-68 在菜单栏设置行距

图4-69 在"段落"对话框设置

4.4.6 段落边框与底纹设置

用户还可以为整段文字设置段落边框和底纹，以对整段文字进行美化设置。

STEP 1 在"开始"→"段落"选项组单击"框线"下拉按钮，在下拉菜单中选择一种合适的边框线，即可为段落添加边框样式，如图4-70所示。

STEP 2 在"开始"→"段落"选项组单击"底纹"下拉按钮，在下拉菜单中选择一种底纹颜色，即可为段落添加底纹，如图4-71所示。

图4-70 选择边框

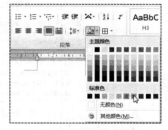

图4-71 选择底纹样式

4.4.7 项目符号和段落符号

在文档中适当采用项目符号和编号，可以使文档看起来条理更清晰。可以在输入文本时自动创建项目符号或编号，也可以在输入文本后进行该项工作。

1. 为已有内容添加项目符号和编号

使用"开始"功能区"段落"组中的"项目符号"和"编号"按钮为已有内容添加项目

符号和编号，操作步骤如下。

STEP 1 选定要加项目符号和编号的段落。

STEP 2 在"开始"→"段落"选项组单击"项目符号"按钮 ≔ ▼或"编号"按钮 ≔ ▼中的下拉按钮，打开项目符号列表框或编号列表框，分别如图 4-72 和图 4-73 所示，选定所需要的项目符号（或编号），再单击确定。

图 4-73　编号列表框

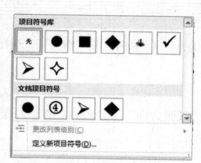

图 4-72　项目符号列表框图

STEP 3 如果"项目符号"（或"编号"）列表中没有所需要的项目符号（或编号），可以单击"定义新符号项目"（或"定义新编号格式"）按钮，在打开的"定义新符号项目"（或"定义新编号格式"）对话框中，选定或设置所需要的"符号项目"（或"编号"）。

2. 在输入文本时自动创建项目符号或编号

（1）自动创建项目符号

STEP 1 在输入文本前，先输入一个"星号"，后面跟一个空格，然后输入文本。

STEP 2 当输入一段按【Enter】键后，星号会自动改变为黑色圆点的项目符号，并在新的一段开始处自动添加同样的符号。这样，逐段输入，每一段前都有一个项目符号。如果要结束自动添加项目符号，可以按【Backspace】键删除插入点前的项目符号，或再按一次【Enter】键。

（2）自动创建编号

STEP 1 在输入文本前，先输入如"1"、"（1）"、"一"等格式的起始编号，然后输入文本。

STEP 2 当输入一段后按【Enter】键时，在新的一段开始处会根据上一段的编号格式自动创建编号。重复上述步骤，可以对输入的各段建立一系列的段落编号。如果要结束自动创建编号，那么可以按【Backspace】键删除插入点前的编号，或再按一次【Enter】键。

4.4.8　课后加油站

1. 考试重点分析

考生必须要掌握 Word 2010 程序的文本与段落编辑，包括设置字体字号、字形及颜色、

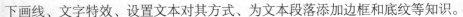

下画线、文字特效、设置文本对其方式、为文本段落添加边框和底纹等知识。

2.过关练习

练习 1：利用工具栏设置标题格式为楷体、二号。

练习 2：利用工具栏将选中的文字设置为隶书、加粗、红色。

练习 3：利用"字体"对话框为选中文字添加橙色的波浪下画线。

练习 4：利用"字体"对话框将选中的英文字符转换成小型大写字母。

练习 5：将选择的文本设置为空心文字效果。

练习 6：将选择的文字底纹设置为黄色底纹。

练习 7：将选中的段落设置为悬挂缩进 3 字符。

练习 8：将选中的段落的行距设置为固定值 14 磅。

4.5 页面版式设置

设置页面的主要内容包括：页边距、选择页面的方向（"纵向"或"横向"）、选择纸张的大小等。

4.5.1 设置纸张方向

在"页面布局"→"页面设置"选项组单击"纸张方向"下拉按钮，在下拉菜单中选择"横向"或"纵向"纸张方向即可，如图 4-74 所示。

4.5.2 设置纸张大小

Word 2010 中包含了不同的纸张样式，用户可以根据实际需要，设置文档的纸张大小。

STEP 1 在"页面布局"→"页面设置"选项组单击 ▫ 按钮。

STEP 2 打开"页面设置"对话框，单击"纸张"选项，接着单击"纸张大小"文本框下拉按钮，在下拉菜单中选择适合的纸张，如"32 开"，如图 4-75 所示。

图 4-74 横向纸张

图 4-75 选择 32 开纸张

STEP 3 单击"确定"按钮，即可将文档的纸张更改为 32 开样式。

4.5.3 设置页边距

页边距是页面四周的空白区域（用上、下、左、右的距离指定），如图4-76所示。通常，可在页边距内部的可打印区域中插入文字和图形，也可以将某些项目放置在页边距区域中，如页眉、页脚和页码等。

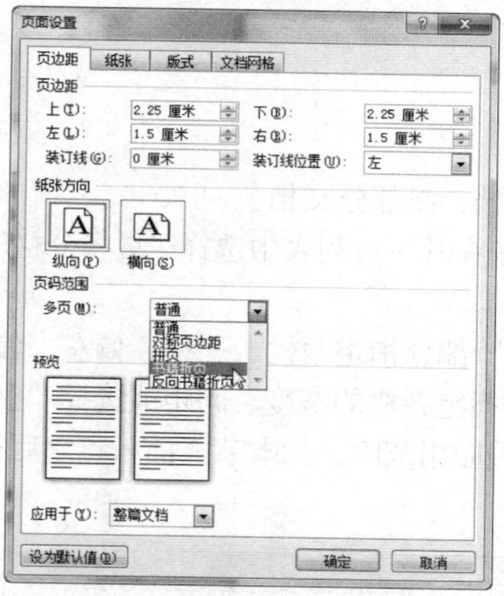

Microsoft Word 提供了下列页边距选项，可以做以下更改。

① 使用默认的页边距或指定自定义页边距。

② 添加用于装订的边距。使用装订线边距在要装订的文档两侧或顶部的页边距添加额外的空间。装订线边距保证不会因装订而遮住文字。设置对称页面的页边距。使用对称页边距设置双面文档的对称页面，如书籍或杂志。在这种情况下，左侧页面的页边距是右侧页面页边距的镜像（即内侧页边距等宽，外侧页边距等宽）。

图 4-76　设置页边距

③ 添加书籍折页。打开"页面设置"对话框中在"页码"区域单击"普通"下拉按钮，在其下拉列表中选择"书籍折页"选项，可以创建菜单、请柬、事件程序或任何其他类型的使用单独居中折页的文档。

④ 如果将文档设置为小册子，可用编辑任何文档的相同方式在其中插入文字、图形和其他可视元素。

4.5.4 设置分栏效果

1．分页与分节

当文字填满整页时，Word会自动按照用户所设置页面的大小自动进行分页，以美化文档的视觉效果，不过系统自动分页的结果并不一定就能符合用户的要求，此时需要使用强制分页效和分节功能。用户可以在"页面设置"选项组单击"分隔符"下拉按钮，在下拉菜单中选择对应的分页与分节效果，如图4-77所示。

关于分页与分节符功能如表4-2所示。

图 4-77　分页与分节符

表 4-2　分页与分节符功能

名　　称	功　　能
分页符	执行"分页符"命令后，标记一页终止并开始下一页
分栏符	执行"分栏符"命令后，其光标后面的文字将从下一栏开始
自动换行符	分隔网页上的对象周围的文字，如分隔题注文字与正文
下一页	分节符后的文本从新的一页开始
连续	新页中与其前面一节同处于当前页
偶数页	新页中的文本显示或打印在下一个偶数页上，如果该分节符已经在一个偶数页上，则其下面的奇数页为一空页
奇数页	新页中的文本显示或打印在下一个奇数页上，如果该分节符已经在一个奇数页上，则其下面的偶数页为一空页

2.分栏

新生成的 Word 空白文档的分栏格式是一栏，但可以进行复杂的分栏排版，可在同一页中进行多种分栏形式，如图 4-78 所示。

3.创建新闻稿样式分栏

创建新闻稿样式分栏的操作步骤如下。

STEP 1 切换到"页面布局"选项卡。

STEP 2 选择要在栏内设置格式的文本，可以是整篇文档，或部分文档。

STEP 3 在"页面设置"选项组，单击"分栏"下拉按钮在其下拉列表中选择"更多分栏"命令，打开分栏对话框。

STEP 4 选择有关分栏的选择项即可。例如：在"预设"部分指定两栏、三栏、偏左、偏右或在栏数框中指定栏数；在宽度和间距部分指定各栏的宽度、间距或选择"栏宽相等"，指定分栏间添加垂直线，指定分栏的应用范围，如本节或插入点之后，如图 4-79 所示。

图 4-78　分栏样式

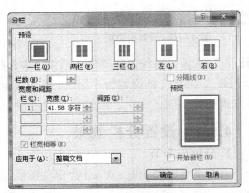

图 4-79　分栏对话框

STEP 5 单击"确定"按钮即可。

4.5.5　插入页眉页脚

页眉和页脚是文档中每个页面页边距的顶部和底部区域。

可以在页眉和页脚中插入文本或图形。例如，页码、章节标题、日期、公司徽标、文档标题、文件名或作者名等，这些信息通常打印在文档中每页的顶部或底部。通过单击"视图"菜单中的"页眉和页脚"，可以在页眉和页脚区域中进行操作。

1.创建每页都相同的页眉和页脚

① 在"插入"→"页眉页脚"选项组单击"页眉"或"页脚"下拉按钮，选择一种样式，以激活"页眉页脚"区域。

② 若要创建页眉，请在页眉区域中输入文本和图形。

③ 若要创建页脚，在"导航"选项组单击"转至页脚"按钮，移动到页脚区域，然后输入文本或图形。

④ 可以在"字体"选项组设置文本的格式。

⑤ 结束后，在"页眉和页脚"→"设计"→"关闭"选项组单击"关闭页眉和页脚"按钮。

2.为奇偶页创建不同的页眉或页脚

① 在"插入"→"页眉页脚"选项组单击"页眉"下拉按钮，在下拉菜单中选择一种页

眉样式。

② 在"页眉和页脚"→"选项"选项组，选中"奇偶页不同"复选框。

③ 如果必要，单击"导航"选项组中的"上一节"或"下一节"以移动到奇数页或偶数页的页眉或页脚区域。

④ 在"奇数页页眉"或"奇数页页脚"区域为奇数页创建页眉和页脚；在"偶数页页眉"或"偶数页页脚"区域为偶数页创建页眉和页脚。

4.5.6 插入页码

在为文档插入页眉页脚的同时还可以为文档插入页码，插入页码的好处是可以清楚地看到文档的页数，也可以在打印时方便对打印文档的整理。

STEP 1 在"插入"→"页眉和页脚"选项组单击"页码"下拉按钮，在下拉菜单中选择"设置页码格式"命令。

STEP 2 打开"页码格式"对话框，单击"编号格式"文本框右侧下拉按钮，在下拉菜单中选择一种页码格式，如图 4-80 所示。

STEP 3 单击"确定"按钮，返回文档中即可为文档插入页码。

图 4-80 页码格式

注意

　　用户可以在"起始页码"文本框中设置起始页码的为任意页数，如 5、10 等。

4.5.7 设置页面背景

普通创建的文档是没有页面背景的，用户可以为文档的页面添加背景颜色，如在背景上添加"请勿复制"的水印，提醒文档的阅览者不要复制文档内容。

STEP 1 在"页面布局"→"页面背景"选项组中单击"水印"下拉按钮，在下拉菜单中选择"自定义水印"命令。

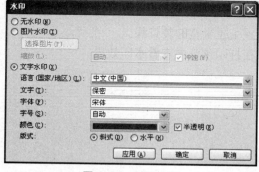

图 4-81 设置水印

STEP 2 打开"自定义水印"对话框，选中"文字水印"单选按钮，接着单击"文字"右侧文本框下拉按钮，在下拉菜单中选择"禁止复制"命令。

STEP 3 单击"颜色"文本框右侧下拉按钮，在下拉菜单中选择需要设置的颜色，如"紫色"，如图 4-81 所示。

STEP 4 单击"确定"按钮，系统即可为文档添加自定义的水印效果。

4.5.8 首字下沉

首字下沉是把段落第一个字增大下沉到第二行或第三行中去，使段首非常醒目。使用"插入"功能区"文本"组中的"首字下沉"功能可以设置首字下沉或取消首字下沉，其具体步骤如下。

STEP 1 将光标置入要设置或取消首字下沉的段落的任意处。

STEP 2 单击"插入"功能区"文本"组中的"首字下沉"按钮，在打开的"首字下沉"下拉菜单中，从"无"、"下沉"和"悬挂"三种首字下沉格式选项中选定一种。

STEP 3 如需设置更多"首字下沉"格式的参数，可以单击下拉菜单中的"首字下沉选项"按钮，打开"首字下沉"对话框，如图 4-82 所示。

STEP 4 如需设置"下沉"，在"位置"选项组中提供了下沉预设按钮，用户可直接单击"下沉"按钮。如果下沉行数不是

图 4-82　首字下沉

3，在下方"下沉行数"数值框中输入数值。然后单击"确定"按钮。

注意　　如果要取消"首字下沉"，可重新进入该对话框，在"位置"选项组中单击"无"按钮即可。

4.5.9　课后加油站

1.考试重点分析

考生必须要掌握 Word 2010 程序的版式设置知识，包括设置纸张方向、更改纸张大小、调整页边距、为文档分栏、插入页眉页脚页码、为文档添加水印等知识。

2.过关练习

练习 1：设置当前文档的纸张大小为 B5，方向为横向。

练习 2：设置自定义纸张大小为宽度 15 厘米，高度 22 厘米。

练习 3：将当前选择的自然段设为两栏排版，第一栏宽度为 10 个字符，第二栏宽度为 20 个字符。

练习 4：在文档页脚插入页码。

练习 5：将文档的左右边距设置为 2 厘米。

练习 6：将文档所使用的纸张大小设置为"32 开"。

练习 7：将左页边距加大 1 厘米，并在左侧设置 1 厘米宽的装订线。

练习 8：为文档添加"计算机"文字水印，并在打印预览中查看水印效果。

4.6　图形操作

4.6.1　插入图片

1.插入图片

图片可以丰富和美化文档内容，用户可以将保存在计算机中的图片插入到文档中，具体操作如下。

STEP 1 在"插入"→"插图"选项组单击"图片"按钮。

STEP 2 打开"插入图片"对话框，找到需要插入图片所保存的路径，并选中插入的图片。

STEP 3 单击"插入"按钮，即可在文档中插入选中的图片。

2.图片编辑与美化

对插入到文档中的图片，用户可以对其进行美化设置，如为图片设置效果，设置图片与文字的排列方式等。

（1）美化图片

STEP 1 选中图片，在"图片工具"→"格式"→"图片样式"选项组单击"图片效果"下拉按钮，在下拉菜单中选择"棱台（B）"→"凸起"命令，即可设置图片的棱台效果，如图4-83所示。

图4-83 设置棱台效果

STEP 2 选中图片，在"图片工具"→"格式"→"图片样式"选项组单击"图片效果"下拉按钮，在下拉菜单选择"发光（G）"命令，在弹出的列表中选择合适的发光变体，即可设置图片的发光效果，如图4-84所示。

图4-84 设置"发光"格式

（2）设置图片效果

STEP 1 选择图片，在"图片工具"→"格式"→"排列"选项组单击"自动换行"下拉按钮，在下拉菜单中选择"紧密型环绕（T）"命令。

STEP 2 所选择的图片在设置后实现了文字和图片的环绕显示，用鼠标移动或按键盘上的方向键即可移动图片到合适位置，设置后效果如图 4-85 所示。

图 4-85　最终效果

4.6.2　插入剪贴画

STEP 1 将光标定位在需要插入图片的位置，在"插入"→"插画"选项组中单击"剪贴画"按钮，如图 4-86 所示。

STEP 2 在"搜索文字"文本框中输入剪贴画的关键词，如"兔子"。单击"搜索"按钮，将显示相应的剪贴画，如图 4-87 所示。

STEP 3 单击需要的剪贴画，即可插入的剪贴画。

图 4-86　"剪贴画"任务窗格

图 4-87　显示兔子剪贴画

4.6.3　插入形状

1.插入形状

在 Word 2010 中用户可以在文档中插入形状，形状分为"线条""基本形状""箭头汇总""流程图""标注""星与旗帜"几大类型，用户可以根据文本需要，插入相应的形状。

STEP 1　在"插入"→"插图"选项组中单击"形状"下拉按钮，在下拉菜单中选择合适的图形插入，如选择"基本形状"下的"心形"，如图 4-88 所示。

STEP 2　拖动鼠标画出合适的图形大小，完成图形的插入，如图 4-89 所示，将光标放置的图形的控制点上，可以改变图形的大小。

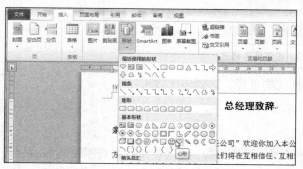

图 4-88　选择图形

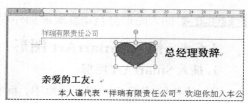

图 4-89　插入图形样式

2.手动绘制图形

如果"形状"下拉菜单中的图形都不能符合要求，用户还可以手动绘制形状，如绘制任意多边形或者任意曲线等。

STEP 1　在"插入"→"插图"选项组中单击"形状"下拉按钮，在下拉菜单中选择"任意多边形"，如图 4-90 所示。

STEP 2　此时鼠标指针变为黑色十字，拖动鼠标即可在文档中绘制线条，单击鼠标后即可绘制连接的另一线条，如图 4-91 所示。

STEP 3　在绘制多边形的最后，将最后一根线条的终点与第一根线条的起点重合，即可完成绘制，效果如图 4-92 所示。

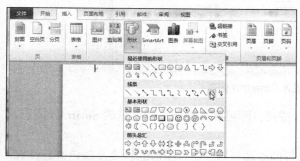

图 4-90　插入符号

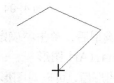

图 4-91　绘制多边形

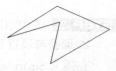

图 4-92　绘制后效果

3.设置与编辑图形

对于插入到文档中的图形，用户可以在"绘图工具"下对其进行美化操作。

STEP 1　在"绘图工具"→"格式"→"形状样式"选项组中单击"形状样式"下拉按钮，打开更多的样式选项菜单，单击选择合适的外观样式选项，如选择"复合型轮廓

–强调文字颜色 5"样式，如图 4-93 所示。

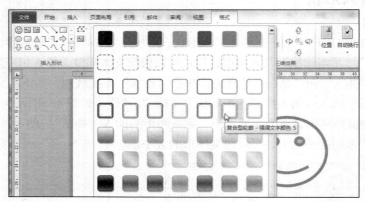

图 4-93　设置图形样式

STEP 2 插入图形会自动完成添加外观样式的设置，达到美化效果。

4.6.4　插入 SmartArt 图形

1. 插入 SmartArt 图形

Word 2010 中的 SmartArt 图形中，新增了图形图片布局，可以在图片布局图表的 SmartArt 图形中插入图片，填写文字及建立组织结构图等，下面介绍如何插入 SmartArt 图形。

STEP 1 在"插入"→"插图"选项组中单击形状下拉按钮，在下拉菜单中单击"SmartArt"命令按钮。

STEP 2 打开"选择 SmartArt 图形"对话框，在左侧单击"层次结构"，接着在右侧选中子图形类型，如图 4-94 所示。

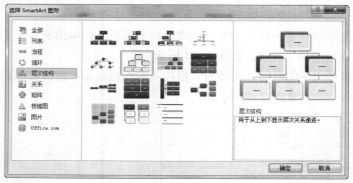

图 4-94　插入 SmartArt 图形

STEP 3 选中图形类型后，单击"确定"按钮，即可在文档中插入所选的 SmartArt 图形。

2. 调整与设置 SmartArt 图形

在插入 SmartArt 图形后，可以对图形进行调整和设置，如对图形的样式及颜色进行设置。

STEP 1 在"SmartArt 工具"→"设计"→"SmartArt 样式"选项组中单击▽按钮，在下拉菜单中选择适合的样式，如"卡通"，如图 4-95 所示。

STEP 2 在"SmartArt 工具"→"设计"→"SmartArt 样式"选项组中单击"更改颜色"下拉按钮，在下拉菜单中选择适合的颜色，如"彩色范围-强调文字颜色 4-5"如图 4-96 所示。

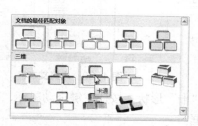

图 4-95　更改样式

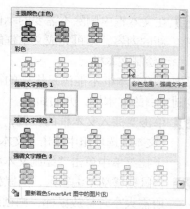

图 4-96　更改颜色

3.SmartArt 图形美化

在插入 SmartArt 图形后，可以对图形进行快速美化，或者对图形设置不同的填充颜色、不同的形状效果进行美化。

选中任意图形，在"SmartArt 工具"→"格式"→"形状样式"选项组中单击▼按钮，在下拉菜单中选择适合的形状样式，如图 4-97 所示。

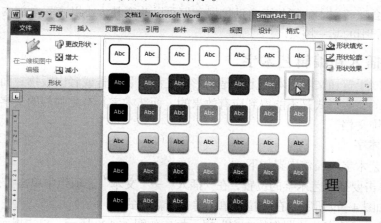

图 4-97　美化 SmartArt 图形

注意

　　　用户还可以选中某个图形，在"形状样式"选项组的"形状填充"、"形状轮廓"和"形状效果"下拉菜单中对图形逐一进行美化操作。

4.6.5　插入文本框

文本框是存放文本的容器，Word 以图形对象的方式使用文本框，与文档中的文本不在同一个层面。

1.插入文本框

（1）使用内置文本框

STEP 1　单击要插入文本框的位置，在"插入"→"文本"选项组中单击"文本框"按钮，如图 4-98 所示，在下拉菜单中单击所需样式。

STEP 2 在文本框中删除不需要的示例文字，输入
新的内容，即可完成文本框的创建。

（2）手动绘制文本框

如果内置的文本框不能满足排版的需要，此时可
以自己绘制空白的文本框，方法如下。

STEP 1 单击要插入文本框的位置，在"插入"→
"文本"选项组中单击"文本框"按钮，在
下拉菜单中单击"绘制文本框"命令。

图 4-98　内置文本框

STEP 2 将鼠标移动至编辑区，当鼠标指针变成"十"形状，按住左键拖动鼠标，拖动至
所需大小时释放鼠标，则创建一个文本框。

2.选定文本框

鼠标指针指向文本框的边框，鼠标指针变成带双十字的空心箭头，单击鼠标左键，即可
选定该文本框。注意观察被选定的文本框周围是麻点而不是斜线，斜线时是输入文字状态。

3.在文本框中输入文本

单击文本框内部，出现光标，这时可在文本框中输入文本。对输入的文本还可以进行编
辑和格式设置，操作方法与对正文的操作相同。

文本框不会随着文本的增加而自动扩展，但可以改变其大小以查看全部内容。要改变其
大小，可拖动周围的某一控点。

4.6.6　插入和编辑艺术字

艺术字不同于普通文字，本质上也是图形。在海报、广告或者出版物封面等文档的制作
中只使用普通的文字形式是不能得到应有效果的，而艺术字具有更强烈的文字视觉效果，可
以更有效地修饰文档。

1.插入艺术字

在文档中艺术字的操作步骤如下。

STEP 1 单击要插入艺术字的位置，在"插入"→"文本"选项组中单击"艺术字"按钮，
如图 4-99 所示，在下拉菜单中单击所需样式。

STEP 2 显示"请在此放置您的文字"提示框，如图 4-100 所示，单击提示框，即可在提
示框中输入要设置成艺术字的文字。Word 将把输入的文字以艺术字的效果插入
到文档中。

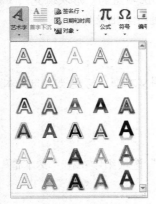

图 4-99　艺术字

图 4-100　编辑"艺术字"文字对话框

2.编辑艺术字

输入艺术字后，也可以像对其他图形图片一样对艺术字进行编辑，以达到更美观的效果。用户可以利用"格式"选项卡中的"艺术字样式"选项组中的工具按钮对艺术字进行编辑。

（1）设置文本填充效果

STEP 1 选择艺术字，单击"艺术字样式"选项组中单击"文本填充"按钮，如图 4-101 所示。

STEP 2 在弹出的列表中单击所需填充颜色，如图 4-102 所示。

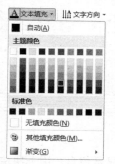

图 4-101 艺术字样式

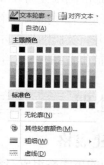

图 4-102 文本填充

（2）设置文本轮廓

STEP 1 选择艺术字，单击"艺术字样式"选项组中的"文本轮廓"按钮，在弹出的颜色列表中单击艺术字的所需轮廓颜色，如图 4-103 所示。

STEP 2 单击"艺术字样式"选项组中的"文本轮廓"按钮，在弹出的颜色列表中单击艺术字的所需轮廓样式，如"粗细"；在下一级列表中单击所需的粗细样式，如图 4-104 所示。

（3）更改文本效果

用户在创建艺术字时，如果对默认的艺术字形状不满意，可以通过更改文本效果的方法来更改艺术字的形状。

STEP 1 选择艺术字，单击"艺术字样式"选项组中的"文本效果"按钮，在弹出的列表中单击艺术字的所需效果样式，如"转换"。

STEP 2 在弹出的下一级列表中单击艺术字形状样式，如"上弯弧"。如图 4-105 所示。

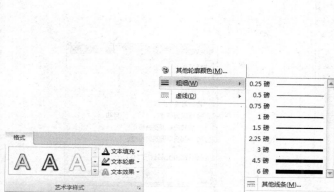

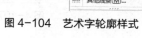

图 4-103 艺术字轮廓颜色

图 4-104 艺术字轮廓样式

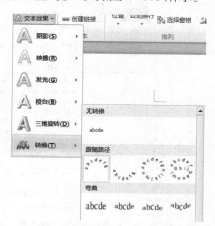

图 4-105 艺术字更改文本效果

4.6.7　课后加油站

1.考试重点分析

考生必须要掌握 Word 2010 程序图片、图形的插入技巧，包括插入图片、编辑图片、插入图形、绘制图形、插入组织结构图等知识。

2.过关练习

练习 1：在当前文档中插入桌面上的动物 .jpg 图形。

练习 2：将图形的高度设为 60%，宽度设为 80%。

练习 3：在当前文档中插入一个自选图形为爆炸型 2，并加上文字"大新闻"。

练习 4：选择并将笑脸图形向左旋转 90 度。

练习 5：在当前位置插入一个组织结构图。

4.7　表格处理

4.7.1　创建表格

表格由行和列的单元格组成。表格通常用来组织和显示信息，用于快速引用和分析数据，还可对表格进行排序及公式计算。还可以使用表格创建有趣的页面版式，或创建 Web 页中的文本、图片和嵌套表格。

Word 提供了创建表格的几种方法。

1.自动插入表格

STEP 1 单击要创建表格的位置，在"插入"→"表格"选项组单击"表格"下拉按钮，调出一个 5×4 的网格，如图 4-106 所示。

STEP 2 拖动鼠标，选定所需的行、列数。

2.使用"插入表格"

使用以下步骤可以在将表格插入到文档之前选择表格的大小和格式。

STEP 1 单击要创建表格的位置，在"插入"→"表格"选项组单击"表格"下拉按钮，选择"插入表格"命令，打开"插入表格"对话框。

STEP 2 在"表格尺寸"下，选择所需的行数和列数，如图 4-107 所示。

图 4-106　插入表

图 4-107　指定行、列数插入表

STEP 3 在"自动调整"操作下，选择调整表格大小的选项。

STEP 4 若要使用内置的表格格式，单击"快速表格"，选择所需选项。

3.设置表格属性

使用表格属性对话框，可以方便地改变表格的各种属性，主要包括：对齐方式，文字环绕，边框和底纹，默认单元格边距，默认单元格间距，自动调整大小适应内容、行、列、单元格。以表 4-3 学生成绩表为例设置表格的各种属性。

表 4-3 学生成绩表

学号	姓名	性别	数学	英语	语文	化学	物理	总分	平均分
121232	李思飞	男	75	85	85	88	95	343	85.6
121231	汪婉清	女	95	68	80	85	90	350	83.6
121233	张蕊	女	96	69	98	86	96	376	89

STEP 1 单击需要设置属性的表格，在"表格工具"→"布局"→"表"选项组单击"表格属性"按钮，打开"表格属性"对话框，如图 4-108 所示。

STEP 2 设置"表居中，无文字环绕"。单击"文字环绕"栏下的"无"图文框，再单击"对齐方式"栏下的"居中"图文框即可。

STEP 3 设置表格的默认单元格边距。"表格工具"→"布局"→"对其方式"选项组单击"单元格边距"按钮，打开"表格选项"对话框，如图 4-109 所示。在"默认单元格边距"下，输入所需要的数值：上、下边距为 0 厘米，左、右边距为 0.19 厘米。

STEP 4 设置表格的默认单元格间距（单元格之间的距离）为 0.05 厘米。在"表格选项"对话框中，选中"允许调整单元格间距"，在右边的框中输入所需要的数值：0.05。

图 4-108 "表格属性"对话框

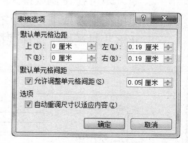

图 4-109 "表格选项"对话框

STEP 5 设置表格中调整尺寸。在"表格选项"对话框中，选中"自动调整尺寸以适应内容"复选框即可。如果不需要列根据输入的文字自动调整大小，取消选中此复选框即可。

STEP 6 各页顶端重复表格标题。

当处理大型表格时，它一定会在分页符处被分割。当表格有多页时，可以调整表格以确认信息按所需方式显示。这能在页面视图或打印出的文档中看到重复的表格标题。操作步骤如下。

STEP 1 选择一行或多行标题行。选定内容必须包括表格的第一行。

STEP 2 选择"表格工具"→"布局"→"对其方式"选项组单击"重复标题行"按钮。

> Word 能够依据分页符自动在新的一页上重复表格标题，如果在表格中插入了手动分页符，则 Word 无法重复表格标题。

4.7.2　表格的基本操作

1. 选定表格

① 选定一个单元格：鼠标指针指向该单元格的选定区（单元格左边缘），鼠标指针变成向右的黑色实心箭头时，单击鼠标左键，可选定该单元格；也可用鼠标直接拖黑。

② 选定一行：鼠标指针指向该行左侧的选定区，鼠标指针变成向右的空心箭头时，单击左键；也可用鼠标直接拖黑。

③ 选定一列：鼠标指针指向该列的顶端，鼠标指针变成向下的黑色实心箭头时，单击左键。

④ 选定连续的区域：在要选定的区域拖动鼠标，或者先选定一个单元格、一行或一列，然后按住【Shift】键单击要选定的区域的最后一个单元格、一行和一列。

⑤ 选定不连续的区域：先选定一个单元格、一行或一列，然后按住【Ctrl】键再选定其他区域。

⑥ 选定整个表格：光标移到表格中的任意位置，单击表格左上角的位置句柄符号 ⊞。

另外，也可用"表格"→"选定"命令进行选定操作。

以上操作均可用鼠标直接拖黑的方法实现。

2. 行、列操作

STEP 1 选定要插入的单元格、行或列数目相同的行或列。

STEP 2 在右键菜单中单击"插入"命令，选择"在左侧插入列"或"在右侧插入列"命令，即可在左侧或插入一列；选择"在上方插入行"或"在下方插入行"命令，即可在上方或下方插入行（见图 4-110）。选择"单元格"命令，会弹出"插入单元格"对话框，选择要插入的位置，如图 4-111 所示。

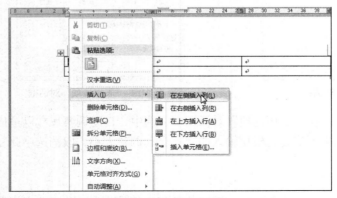

图 4-110　插入行列

图 4-111　插入单元格

3. 单元格合并与拆分

（1）合并表格单元格

可以将同一行或同一列中的两个或多个单元格合并为一个单元格。例如，可以横向合并单元格以创建横跨多列的表格标题。

STEP 1 选择要合并的单元格。

STEP 2 单击"表格工具"选项卡"布局"功能区"合并"选项组中的"合并单元格"按钮。

（2）拆成多个单元格

STEP 1 在单元格中单击，或选择要拆分的多个单元格。

STEP 2 在"布局"→"合并"选项组单击"拆分单元格"按钮。

STEP 3 选择要将选定的单元格拆分成的列数或行数。

（3）拆分表格

方法一：

STEP 1 要将一个表格分成两个表格，单击要成为第二个表格的首行的行。

STEP 2 单击"表格工具"选项卡"布局"功能区"合并"选项组中单击"拆分表格"按钮。

方法二：

选择要成为第二个表格的行（或行中的部分连续单元格，不连续选择仅对选择区域的最后一行有效），然后按【Shift+Alt+↓】组合键，即可按要求拆分表格。

注意 　用这种方法拆分表格更加自由、方便，特别是把表格中间的某几个连续的行拆分出来，作为一个独立的表格，或把表格中间的某些行拆分出来作为一个独立的表格。

4. 删除表格或清除其内容

可以删除整个表格，也可以清除单元格中的内容，而不删除单元格本身。

（1）删除表格及其内容

STEP 1 单击表格。

STEP 2 在"布局"→"行和列"选项组单击"删除"下拉按钮，在下拉菜单中选择"表格"命令。

（2）删除表格内容

STEP 1 选择要删除的项。

STEP 2 按【Delete】键。

（3）删除表格中的单元格、行或列

STEP 1 选择要删除的单元格、行或列。

STEP 2 在"布局"→"行和列"选项组单击"删除"下拉按钮，在下拉列表中选择"单元格"、"行"或"列"命令。

5. 移动或复制表格内容

STEP 1 选定要移动或复制的单元格、行或列。

STEP 2 请执行下列操作之一：

- 要移动选定内容，请将选定内容拖动至新位置；
- 要复制选定内容，请在按住【Ctrl】键的同时将选定内容拖动至新位置。

移动表格行的最简单方法：选定要移动的行的任意一个单元格内，按下【Shift+Alt】组合键，然后按上下方向键，按↑键可使选择的行在表格内向上移动，按↓键可使向下移动。用这种方法也可以非常方便地合并两个表格。

6.表格标题行的重复

当表格较长需要分页显示时，如需在每页都自动显示表头，操作步骤如下。

STEP 1 单击需要作为表头的第一行或选中需要作为表头的连续几行。

STEP 2 在"布局"→"数据"选项组单击"标题行重复"按钮。

用这种方法重复的标题，修改时只需修改第一页表格的标题即可。

4.7.3 设置表格格式

1.表格外观格式化

表格外观格式化有很多形式，比如为表格添加边框、添加底纹、套用表格样式等。

（1）为表格添加边框

在 Word 中，在"设计"→"表格样式"选项组中单击"边框"下拉按钮，执行"边框和底纹"命令，在弹出的"边框和底纹"对话框中进行设置，同样也可以在"边框"下拉按钮中选择一种边框样式，对边框进行设置，如图 4-112 所示。

（2）为表格添加底纹

选择要添加底纹的区域，单击"表格样式"选项组中的"底纹"下拉按钮，在其下拉列表中选择一种色块，如"橙色"色块。也可以在"边框和底纹"对话框中单击"底纹"标签，在"填充颜色"下拉列中选择一种色块。

（3）套用表格样式

Word 2010 为用户提供了多种表格样式，单击"设计"→"表格样式"选项组中的"其他"下拉按钮▾，在"内置"区域选择一种表格样式，即可套用表格样式，如图 4-113 所示。

图 4-112　设置边框

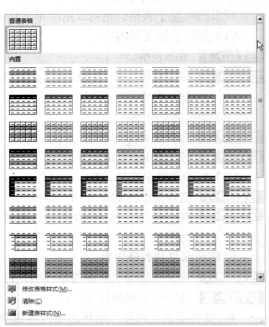

图 4-113　套用表格样式

（4）为表格中的文本设置格式

① 设置单元格的对齐方式

选定需设置对齐方式的单元格并单击鼠标右键，从弹出的快捷菜单中选择"单元格对齐方式"命令，从 9 个对齐按钮中选择所需的对齐方式。

另外，也可以在"布局"→"对齐方式"选项组中单击选择所需的对齐方式，如图 4-114 所示。

② 设置文字方向

默认情况下，单元格的文本是水平方向显示的，用户也可以使单元格中文本变为纵向显示。方法如下：

选定需设置文字方向的单元格并右击。从弹出的快捷菜单中选择"文字方向"命令；

另外，也可以在"布局"→"对齐方式"选项组中单击"文字方向"，如图 4-114 所示。

（5）为表格设置对齐方式

可以利用"表格属性"对话框，将表格定位到一个精确的位置，方法如下。

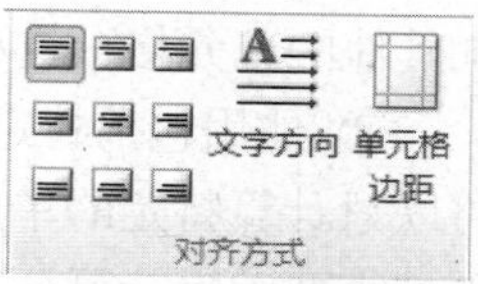

STEP 1 将插入点移至表格任意单元格内或选定表格。

图 4-114　套用表格样式

STEP 2 单击"表格工具"选项卡→"布局"功能区→"表"选项组→"属性"命令，打开"表格属性"对话框，如图 4-108 所示。选择"表格"选项卡，在"对齐方式"选项组中选择所需的对齐方式。在"文字环绕"选项组中可设置文字环绕方式。

要快速对齐页面中的表格，选定表格后，可单击"格式"工具栏上的对齐按钮。例如，要将表格居中，先选定表格，然后单击"格式"工具栏上的"居中"按钮。

2. 表格与文本的相互转换

对表格内容进行格式化，除了设置表格的对齐方式、文字方向外，还可以对表格进行转换。将文本转换成表格时，使用逗号、制表符或其他分隔符标记新的列开始的位置。

STEP 1 在要划分列的位置插入所需的分隔符。例如，在一行有两个字的列表中，在第一个字后插入逗号或制表符，从而创建一个两列的表格。

STEP 2 选择要转换的文本，在"插入"→"表格"选项组中单击"表格"下拉按钮，单击"文本转换成表格"按钮，如图 4-115 所示。

STEP 3 在对话框的"列数"文本框中键入表格列数，在"文字分隔位置"选项下，单击所需的分隔符按钮，单击"确定"按钮，实现了文本到表格的转换，如图 4-116 所示。

图 4-115　文本转换成表格

图 4-116　将"文本转换成表格"对话框

4.7.4 表格的高级应用

1. 表格计算

在表格中执行计算时，可用 A1、A2、B1、B2 的形式引用表格单元格，其中字母表示"列"，数字表示"行"。与 Excel 不同，Word 对"单元格"的引用始终是绝对引用，并且不显示美元符号。例如，在 Word 中引用 A1 单元格与在 Excel 中引用$A$1 单元格相同。

（1）引用单独的单元格

在公式中引用单元格时，用逗号分隔单个单元格，而选定区域的首尾单元格之间用冒号分隔，计算单元格的平均值。

（2）引用整行或整列

用以下方法在公式中引用整行和整列。

① 使用只有字母或数字的区域进行表示。例如，1:1 表示表格的第一行。如果以后要添加其他的单元格，这种方法允许计算时自动包括一行中所有单元格。

② 使用包括特定单元格的区域。例如，A1:A3 表示只引用一列中的三行。使用这种方法可以只计算特定的单元格。如果将来要添加单元格而且要将这些单元格包含在计算公式中，则就需要编辑计算公式。

（3）计算行或列中数值的总和

① 单击要放置求和结果的单元格。如"表 3-3 学生成绩表"第一行的"总分"列下第一个单元格。

② 在"表格工具"→"布局"→"数据"选项组单击"公式"按钮。

③ 选定的单元格位于一行数值的右端，Word 将建议采用公式=SUM（LEFT）进行计算，单击"确定"按钮即可。如果选定的单元格位于一列数值的底端，Word 将建议采用公式 =SUM（ABOVE）进行计算，单击"确定"按钮。

注意
● 若单元格中显示的是大括号和代码（例如，{=SUM（LEFT）}）而不是实际的求和结果，则表明 Word 正在显示域代码。按【Shift+F9】组合键，即可显示域代码的计算结果。

● 若该行或列中含有空单元格，Word 不会对这一整行或整列进行累加。此时需要在每个空单元格中输入零值。

（4）在表格中进行其他计算

计算"表 4-4 学生成绩表"第一行的平均分。

表 4-4　学生成绩表

姓　　名	语　文	物　理	计 算 机	总　　分
张芳	83	80	91	
李恒远	76	74	88	
刘浏	90	82	84	
王明	93	94	86	

① 单击要放置计算结果的单元格。

② 在"表格工具"→"布局"→"数据"选项组单击"公式"按钮。

③ 若 Word 提议的公式非所需，请将其从"公式"框中删除。不要删除等号，如果删除了等号，请重新插入。

④ 在"粘贴函数"框中，单击所需的公式。例如，求平均，单击"AVERAGE"。

⑤ 在公式的括号中输入单元格引用，可引用单元格的内容。如果需要计算单元格 B2 至 D2 中数值的平均，应建立这样的公式：=AVERAGE（B2:D2）。

2. 表格的排序

可以将列表或表格中的文本、数字或数据按升序或降序进行排序。在表格中对文本进行排序时，可以选择对表格中单独的列或整个表格进行排序。也可在单独的表格列中用多于一个的单词或域进行排序。

对"表 4-4 学生成绩统计表"按"平均分"、"物理"、"语文"进行升序排列，操作步骤如下。

STEP 1 选定要排序的列表或表格。

STEP 2 在"表格工具"→"布局"→"数据"选项组单击"排序"按钮。

STEP 3 打开"排序"对话框，选择所需的排序选项。如果需要关于某个选项的帮助，请单击问号，然后单击该选项，排序设置如图 4-117 所示。

图 4-117　排序选择项

STEP 4 完成设置后，单击"确定"按钮，即可进行排序。

4.7.5　课后加油站

1. 考试重点分析

考生必须要掌握 Word 2010 表格应用技巧，包括表格的插入、拆分合并单元格、插入行列、删除表格内容、套用表格样式、表格排序及表格计算等知识。

2. 过关练习

练习 1：为表格自动套用样式为"中等深浅底纹 1，–强调文字颜色 5"。

练习 2：在当前表格的第一列后面插入一列。

练习 3：将第 1 行第 1 个单元格拆分成 2 行 2 列。

练习 4：删除当前表格中的内容，但并不删除表格本身。

练习 5：让表格根据内容自动调整。

练习 6：在当前表格中用公式计算第一人的成绩总分。

4.8　Word 高级操作

4.8.1　样式与格式

1. 样式

① 显示所有样式

先用鼠标选中文字，然后在"开始"→"样式"选项组的"样式"下拉按钮，在下拉菜单中可以显示 Word 内置的所有样式。如果要把文字格式转化成 3 种主要的标题样式："标题1"、"标题 2"的话，也可以直接使用键盘快捷方式，它们分别是：【Ctrl+Alt+1】组合键、【Ctrl+Alt+2】组合键。

② 去掉文本的一切修饰

假如用 Word 编辑了一段文本，并进行了多种字符排版格式，有宋体、楷体，有上标、下标等。如果对这段文本中字符排版格式不太满意，可以选中这段文本，然后按下【Ctrl+Shift+Z】组合键就可以去掉选中文本的一切修饰，以缺省的字体和大小显示文本。

2. 格式

在文档中为文本设置格式后，如果想要继续在其他文档中使用相同的格式，可以将其保存到"样式"集中。操作步骤如下。

STEP 1 选中设置好格式的文字，在"开始"→"样式"选项组单击 ▼ 按钮，在下拉菜单中选择"将所选内容保存为新快速样式"命令，如图 4-118 所示。

STEP 2 打开"根据格式设置创建新样式"对话框，在"名称"文本框中输入名称"艺术字"，如图 4-119 所示。

图 4-118　保存格式

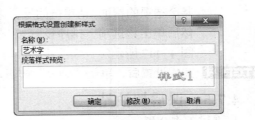

图 4-119　设置保存名称

STEP 3 单击"确定"按钮，即可将选中的格式保存为新的样式。

STEP 4 如果想要清除文档中的格式，可以在"样式"下拉菜单中选择"清除格式"命令。

4.8.2　拼写和语法检查

完成对文档的编写后，逐字逐句的检查文档内容会显得费力、费时，此时可以使用 Word 中的"拼写和语法"功能对文档内容进行检查。

在"审阅"→"校对"选项组单击"拼写和语法"按钮，打开"拼写和语法"对话框，对话框的"易错词"文本框中会显示出系统认为错误的词，并在"建议"文本框中显示建议的词，对错误的词汇进行更改，对正确的词汇可以直接跳过，如图 4-120 所示。

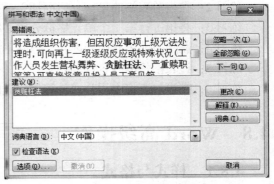

图 4-120　语法和拼音检查

4.8.3　文档审阅

为了便于联机审阅，Word 允许在文档中快速创建和查看修订和批注。为了保留文档的版式，Word 在文档的文本中显示一些标记元素，而其他元素则显示在出现边距上的批注框中，如图 4-121 所示。

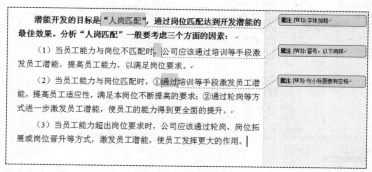

图 4-121　插入批注

修订用于显示文档中所做的诸如删除、插入或其他编辑更改的位置的标记。启用修订功能时，作者或其他审阅者的每一次插入、删除或是格式更改都会被标记出来。作者查看修订时，可以接受或拒绝每处更改。打开或关闭"修订"模式，在"审阅"→"修订"选项组单击"修订"按钮打开"修订"模式；再次单击"修订"按钮，关闭修订模式，或使用【Ctrl+Shift+E】组合键。

批注是作者或审阅者为文档添加的注释。Word 文档的页边距或"审阅窗格"中的气球上显示批注。当查看批注时，可以删除或对其进行响应。

插入批注的操作步骤如下：

STEP 1 选择要设置批注的文本或内容，或单击文本的尾部；

STEP 2 在"审阅"→"批注"选项组中，单击"新建批注"按钮，即可插入批注框；

STEP 3 在批注框中输入批注文字即可。

4.8.4　自动目录

目录是文档中标题的列表。可以通过目录来浏览文档中讨论了哪些主题。如果为 Web 创建了一篇文档，可将目录置于 Web 框架中，这样就可以方便地浏览全文了。可使用 Word 中的内置标题样式和大纲级别格式来创建目录。

编制目录最简单的方法是使用内置的大纲级别格式或标题样式。如果已经使用了大纲级别或内置标题样式，请按下列步骤操作：

STEP 1 单击要插入目录的位置，在"引用"→"目录"选项组单击"目录"下拉按钮，在下拉菜单中选择"插入目录"命令；

STEP 2 根据需要，选择目录有关的选项，如格式、级别等。

4.8.5　插入特定信息域

在 Word 文档中，还可以插入特定信息的域，比如日期域。

STEP 1 在"插入"→"文本"选项组中单击"文档部件"下拉按钮，在其下拉类别中选择"域"命令，打开"域"对话框。

STEP 2 在对话框的"类别"文本框下拉列表中选择"日期和时间"选项，接着在"域名"列表框中选中"CreateDate"选项，激活"域属性"区，然后在"域属性"区下的日期列表中选中"May 2, 2013"选项，如图 4-122 所示。

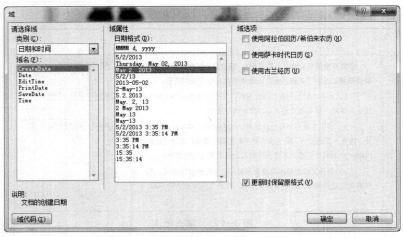

图 4-122　插入时间域

STEP 3 设置完成后，单击"确定"按钮，将设置的日期域插入到指定位置。

4.8.6　邮件合并

1. 邮件合并综述

在实际编辑文档中，经常遇到多个文档的大部分内容是固定不变的，只有少部分内容是变化的情况。如会议通知中，会议通知的内容只有被邀请人的单位和姓名是变的，其他内容是完全相同的，会议通知的信封发出单位是固定不变的，收信人单位、邮政编码和收信人的姓名是变的，如图 4-123 所示。对于这类文档，如果逐份编辑，显然是费时费力，且易出错。Word 为解决这类问题提供了邮件合并功能，使用这个功能可以方便地解决这类问题。

使用邮件合并解决上述问题要做两个文件。

主控文档：它包含两部分内容，一部分是固定不变的，另一部分是可变的，可变的部分用"域名"表示，如图 4-124 所示。

图 4-123　通知示例

图 4-124　主控文档

数据文件：它用于存放可变数据，如会议通知的单位和姓名。数据文件可以用 Excel 编写，如图 4-125 所示，也可以用 Word 编写。这些可变数据也可以存入数据库中，如 Access 等。

使用邮件合并功能有两种方式：一种是手工方式，另一种是使用 Word 提供的"邮件合并向导"。

2. 邮件合并手工操作例

（1）使用邮件合并功能的手工操作一般过程：

STEP 1 制作数据文件；

STEP 2 创建主控文档；

STEP 3 在主文档中添加或自定义合并域；

STEP 4 将数据源中的数据与主控文档合并，创建新的、已经合并的文档。

（2）具体操作过程如下。

STEP 1 制作数据文件。存入图 4-125 所示的数据文件。文件名为"会议通知 Word 数据.doc"。

姓名	分公司	邮箱	职称
方方	巢湖分公司	fangfang@126.com	经理
于飞	蚌埠分公司	yf@126.com	经理
张晓磊	芜湖分公司	XL@163.com	经理
王明芳	安庆分公司	WANGMF@sina.com	经理
李明	黄山分公司	MM@126.com	经理

图 4-125　数据文件

STEP 2 创建主控文档。

STEP 3 打开 Word 文档，利用创建的通知模板新建一个会议通知。

STEP 4 文本进行格式化设置。

（3）启用"信函"功能及导入收件人信息。

STEP 1 打开通知，在"邮件"→"开始邮件合并"选项组中单击"开始邮件合并"下拉按钮，在其下拉列表中选择"信函"命令。

STEP 2 接着在"开始邮件合并"选项组单击"选择收件人"下拉按钮，在其下拉列表中选择"使用现有列表"命令。

STEP 3 打开"选择数据源"对话框，在对话框的"查找范围"中选中要插入的收件人的数据源。

STEP 4 单击"打开"按钮，打开"选择表格"对话框，在对话框中选择要导入的工作表。

STEP 5 单击"确定"按钮，返回文档中，可以看到之前不能使用的"编辑收件人列表"、"地址块"、"问候语"等按钮被激活，如果要编辑导入的数据源，可以单击"编辑收件人列表"按钮，打开"邮件合并收件人"对话框。

STEP 6 在"邮件合并收件人"对话框中，可以重新编辑收件人的资料信息，设置完成后，单击"确定"按钮。

（4）插入可变域。

STEP 1 在文档中将光标定位到文档头部，切换到"邮件"选项卡，在"编写和插入域"选项组中单击"插入合并域"下拉按钮。

STEP 2 在其下拉列表中选择"单位"域，即可在光标所在位置插入公司名称域。

（5）批量生成通知。

STEP 1 切换到"邮件"选项卡，在"完成"选项组中单击"完成并合并"下拉按钮。

STEP 2 在其下拉列表中选择"编辑单个文档"命令。

STEP 3 打开"合并到新文档"对话框，如果要合并全部记录，则选中"全部"单选按钮，如果要合并当前记录，则选中"当前记录"单选按钮，如果要指定合并记录，则可以选中最底部的单选按钮，并从中设置要合并的范围。选中"全部"单选项，直接单击"确定"按钮，即可生成"信函!"文档，并将所有记录逐一显示在文档中。

（6）以"电子邮件"方式发送通知。

STEP 1 在文档中"邮件"选项卡下的"完成"选项组中单击"完成并合并"下拉按钮，在其下拉列表中选择"发送电子邮件"命令。

STEP 2 打开"合并到电子邮件"对话框，在"邮件选项"栏下的"收件人"列表中选中"电子邮件"，在"主题行"文本框中输入邮件主题。

STEP 3 设置完成后单击"确定"按钮，即可启用 Outlook 2010，按照通知中的单位邮件地址，逐一向对象发送制作的通知。

4.8.7 课后加油站

1. 考试重点分析

考生必须要掌握 Word 2010 高级操作知识，包括文档样式的套用、对文档进行拼写和语法检查、修订文档、为文档添加目录，插入特定的信息域等知识。

2. 过关练习

练习1：对当前文档进行一次拼写和语法检查，将所有的错误全部忽略。

练习2：将第三个自然段的样式改为"要点"。

练习3：修订文本，将第一、第二个自然段删除。

练习4：在当前位置为文档创建目录，目录格式为"优雅"，显示级别为"3级"，前导符为最后一种样式。

练习5：在当前位置为文档插入目录，显示级别为"2级"，其他用默认设置。

4.9 文件打印

创建好 Word 文档后，有时候需根据要求，将文档打印出来，下面介绍文档的打印功能。

4.9.1 打印机设置

在打印文档前要准备好打印机：接通打印机电源、连接打印机与主机、添加打印纸、检查打印纸与设置的打印纸是否吻合等。

STEP 1 单击"文件"→"打印"命令，在右侧单击"打印机属性"按钮。

STEP 2 打开"Fax 属性"对话框，在对话框中可以设置纸张大小及图形质量，如图 4-126 所示。

4.9.2 打印指定页

一般情况下，打印的是整个文档，但如果需要打印的文档过长，而又只需要打印文档中的某一个部分时，可以设置只打印指定的页，如打印 2～10 页。

STEP 1 单击"文件"→"打印"标签，展开打印设置选项。

STEP 2 在右侧"设置"选项区域单击"打印所有页"下拉按钮，在下拉菜单中选择"打印自定义范围"命令，接着在"页数"文本中输入需要打印的页数，如图 4-127 所示。

图 4-126 设置打印机

图 4-127 打印指定页

4.9.3　打印奇偶页

在一篇长文档中会有奇数页和偶数页，用户可以根据需要只打印奇数页或者偶数页。

STEP 1 打开要打印的文档，单击"文件"→"打印"标签。

STEP 2 在右侧"设置"选项区域单击"打印所有页"下拉按钮，在下拉菜单中选择"仅打印奇数页"或者"仅打印偶数页"命令，如图 4-128 所示。

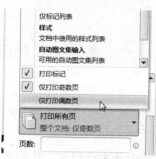

图 4-128　打印偶数页

STEP 3 单击"打印"按钮，即可只打印文档中的奇数页或者偶数页。

4.9.4　一次打印多份文档

单击"打印"按钮时，系统默认打印一份文档，如果想要打印多份文档，只需要在"打印"按钮后的"份数"文本框中输入需要打印的份数如"6"，如图 4-129 所示，即可打印 6 份文档。

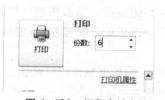

图 4-129　打印多份文档

4.9.5　课后加油站

1.考试重点分析

考生必须要掌握 Word 2010 打印知识，包括设置打印机、打印指定的页数、手动双面打印文档、打印多份文档等知识。

2.过关练习

练习 1：打印当前文档的第 1、2 页。

练习 2：将当前文档一次性打印 6 份。

练习 3：双面打印文档。

练习 4：使用 A3 纸张打印文档。

PART 5

第 5 章
Excel 2010 的使用

5.1 Excel 2010 简介

Excel 2010 是 Microsoft Office 中的电子表格程序。我们可以使用 Excel 创建工作簿（电子表格集合）并设置工作簿格式，以便分析数据和做出更明智的业务决策。特别是可以使用 Excel 跟踪数据，生成数据分析模型，编写公式以对数据进行计算，以多种方式透视数据，还可通过各种具有专业外观的图表形象地显示数据。

5.1.1 Excel 2010 的主要功能与特点

1. Excel 2010 的主要功能

① 表格制作：编辑制作各类表格，利用公式对表格中的数据进行各种计算，对表格中的数据进行增、删、改、查找、替换和超链接，对表格进行格式化。对已经格式化的工作表还可以把它的格式作为样板存储起来，以后如果需要制作同样的工作表时可以调入该样板，键入数据即可。

② 制作图表：用户可根据表格中的数据制作出柱形图、饼图、折线图等各种类型的图形来直观地表现数据和说明数据之间的关系。

③ 数据管理：通过命令和函数，对表格中的数据进行排序、筛选、分类汇总操作，利用表格中的数据创建数据透视表和数据透视图。

④ 公式与函数：Excel 提供的公式与函数功能，大大简化了 Excel 的数据统计工作。

⑤ 科学分析：利用系统提供的多种类型的函数对表格中的数据进行回归分析、规划求解、方案与模拟运算等各种统计分析。

⑥ 网络功能与发布工作簿：将 Excel 的工作簿保存为 Web 页，创建一个动态网页后可通过网络查看或交互使用工作簿数据。

2. Excel 2010 的特点

① 为了保证 Excel 2010 文件中包含的函数可以在 Excel 2007 以及更早版本的 Excel 中使用，在新的函数功能中添加了“兼容性”函数菜单。

② 添加了迷你图功能，可以在一个单元格内显示出一组数据的变化趋势，让用户获得直观、快速的数据的可视化显示，对于股票信息等来说，这种数据表现形式将会非常适用。

③ 更加丰富的条件格式。在 Excel 2010 中，增加了更多条件格式，在“数据条”选项卡下新增了“实心填充”功能，实心填充之后，数据条的长度表示单元格中值的大小。在效果上，“渐变填充”也与老版本有所不同。

④ Excel 2010 中可进行数学公式编辑，可满足专业的数学公式输入要求，同时提供包括积分、矩阵、大型运算符等在内的单项数学符号，足以满足专业用户的录入需要。

⑤ 在 Backstage 视图中可以管理文档和有关文档的相关数据、信息等。

5.1.2 Excel 2010 启动、工作窗口和退出

首先来学习一下 Excel 2010 程序的启动、工作窗口组成与程序退出操作。

1. 运行 Excel 应用程序

① 通过单击"开始"→"所有程序"→"Microsoft Office"→"Microsoft Excel 2010"命令，即可启动 Microsoft Excel 2010。

② 如果在桌面上或其他目录中建立了 Excel 的快捷方式，可直接双击该图标即可。

③ 如果在快速启动栏中建立了 Excel 的快捷方式，可直接单击快捷方式图标即可。

④ 按下【■+R】组合键，调出"运行"对话框，输入"excel"，接着单击"确定"按钮也可以启动 Microsoft Excel 2010。

⑤ 在资源管理器中双击任意一个 Excel 文档也可启动 Excel 2010。

2. Excel 的工作窗口组成元素

Excel 工作窗口组成元素如图 5-1 所示，主要包括有标题栏、菜单栏、快速访问工具栏、功能区、选项组、名称框、编辑栏、工作表编辑区、行标签、列标签、状态栏、标签滚动条等，用户可定义某些屏幕元素的显示或隐藏。

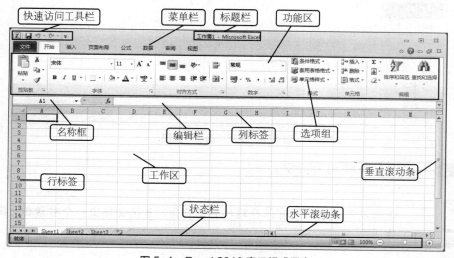

图 5-1　Excel 2010 窗口组成元素

① 标题栏与菜单栏：位于窗口最顶部。标题栏中显示当前工作簿的名称；菜单栏是显示 Excel 所有的菜单，如文件、开始、插入、页面布局、公式、数据、审阅、视图菜单。

② 快速访问工具栏：位于窗口左上角，用于放置用户经常使用的命令按钮，快速启动工具栏中的命令可以根据用户的需要增加或删除。

③ 功能区：由选项组和各功能按钮组成。

④ 选项组：位于功能区中。如"开始"标签中包括"剪贴板、字体、对齐"等选项组，相关的命令组合在一起来完成各种任务。

⑤ 名称框与编辑栏：名称框是用于显示工作簿中当前活动单元格的单元引用。编辑栏用

于显示工作簿中当前活动单元格的存储的数据。

⑥ 工作表编辑区：用于编辑数据的单元格区域，Excel 中所有对数据的编辑操作都在此进行。

⑦ 表标签：显示工作表的名称，单击某一工作表标签可进行工作表之间的切换。

⑧ 状态栏：位于 Excel 界面的底部的状态栏可以显示许多有用的信息，如计数、和值、输入模式、工作簿中的循环引用状态等。

⑨ 标签滚动按钮：可单击水平、垂直滚动按钮或拖动水平、垂直滚动条，实现左右或上下滚动工作表标签来显示隐藏的工作表。

3. Excel 的退出

STEP 1 打开 Microsoft Office Excel 2010 程序后，单击程序最右上角的关闭按钮（ 区 ），可快速退出主程序。

STEP 2 打开 Microsoft Office Excel 2010 程序后，单击"文件"标签，在弹出的下拉菜单中选择"退出"按钮，可快速退出当前开启的 Excel 工作簿，如图 5-2 所示。

图 5-2　使用"退出"按钮

STEP 3 直接按【Alt+F4】组合键。

注意　　退出应用程序前没有保存编辑的工作簿，系统会弹出一个对话框，提示保存工作簿。

5.1.3　Excel 2010 的帮助系统

许多用户在使用 Excel 的过程中遇到问题时都不知所措，第一想法就是查阅相关资料或请教高手，这些方法固然可行，也十分有效，但 Excel 2010 为用户提供了一种更为快捷的方法——"帮助"功能。通过下列操作方法访问"帮助"功能。

STEP 1 单击 Excel 2010 主界面右上角的 ❷ 按钮或按下【F1】键，打开"Excel 帮助"窗口，如图 5-3 所示。

STEP 2 在"键入要搜索的关键词"文本框中输入需要搜索的关键词，如"求和"，单击"搜索"按钮，即可显示出搜索结果，如图 5-4 所示。

STEP 3 单击"SUMIF 函数"链接，在打开的窗口中即可看到具体内容，如图 5-5 所示。

图 5-3 "Excel 帮助"窗口

图 5-4 输入关键词进行搜索

图 5-5 显示使用说明

5.1.4 课后加油站

1. 考试重点分析

考生必须要掌握 Excel 2010 程序的基础知识，包括启动与退出 Excel 2010，Excel 2010 工作窗口的构成，以及获取 Excel 帮助等知识。

2. 过关练习

练习 1：通过快捷键退出 Excel 2010 程序。

练习 2：隐藏编辑栏。

练习 3：显示功能区按钮的快捷键。

练习 4：设置默认的文件保存类型。

练习 5：使用 Excel 帮助搜索功能查看如何新建工作簿。

5.2 Excel 2010 的基本操作

5.2.1 工作簿、工作表和单元格

一个 Excel 表格中会同时包含工作簿、工作表和单元格，下面分别介绍这 3 个概念，以便进一步了解 Excel 的操作。

1. 工作簿

工作簿是用来存储并处理数据的文件。工作簿文件是 Excel 存储在磁盘上的最小独立单位，它可以由 1～255 张工作表组成。启动 Excel 后，系统会自动打开一个新的空白的工作簿，Excel 会自动为其命名为"工作簿 1"，其扩展名为.xlsx。

在 Excel 中，数据和图表都是以工作表的形式存储在工作簿文件中。一般来说，一张工作表保存一类相关信息，这样在一个工作簿中可以管理多个类型的相关信息，操作时不必打开多个文件，而直接在同一个文件的不同工作表中方便切换。新建一个工作簿时，Excel 默认提供 3 个工作表，分别是 Sheet1、Sheet2 和 Sheet3，分别显示在工作标签中，用户可以根据实际情况增加或删除工作表。

2. 工作表

工作表是工作簿的重要组成部分，是单元格的集合。工作表是 Excel 进行组织和数据管理

的地方，用户可以在工作表上输入数据、编辑数据、设置数据格式、排序数据和筛选数据等。

工作表是通过工作表标签来标识的，工作表标签显示于工作表区的底部，用户可以通过单击不同的工作表标签来进行工作表之间的切换。在使用工作簿文件时，只有一个工作表是当前活动的工作表。

3. 单元格

每个工作表由 16 384 列和 1 048 576 行组成，每一个列和行交叉处即为一个单元格。每一个单元格的列标用 A、B、C、…、Z、AA、AB、…、AZ、BA、BB、…、BZ、…、XFD 表示，共 16 384 列。行号用 1、2、3、…、1 048 576 表示，共 1048576 行。每个单元格的位置是通过它的行号和列标来确定，如在第 16 行 E 列处的单元格可表求为 E16，不能表示为 16E。

单元格是工作表的最小单位，也是 Excel 用于保存数据的最小单位。单元格中可以输入各种数据，如一组数字、一个字符串、一个公式，也可以是一个图形或是一个声音等。

5.2.2 新建工作簿

创建工作簿有 3 种情况：一是建立空白工作簿，二是根据现有工作簿新建，三是用 Excel 本身所带的模板。

1. 建立空白工作簿

创建空白工作簿有如下 3 种方法。

① 启动 Excel 后，立即创建一个新的空白工作簿。

② 按【Ctrl+N】组合键，立即创建一个新的空白工作簿。

③ 单击"文件"→"新建"标签，在右侧任务窗格中选择"空白工作簿"，接着单击"创建"按钮，立即创建一个新的空白工作簿。

注意

新创建的空白工作簿，其临时文件名为工作簿 1、工作簿 2、工作簿 3……生成空白工作簿后，可根据需要输入编辑内容。

2. 根据现有工作簿建立新的工作簿

根据现有工作簿建立新的工作簿时，新工作簿的内容与选择的已有工作簿内容完全相同。这是创建与已有工作簿类似的新工作簿最快捷的方法。

STEP 1 单击"文件"→"新建"标签，在右侧选中"根据现有工作簿"，打开"根据现有内容新建"对话框，选择对应文件夹，如图 5-6 所示。

图 5-6 "根据现有工作簿新建"对话框

STEP 2　选择需要的工作簿文档，如"年度销售业绩统计表"，单击"新建"按钮即可，如图 5-7 所示。

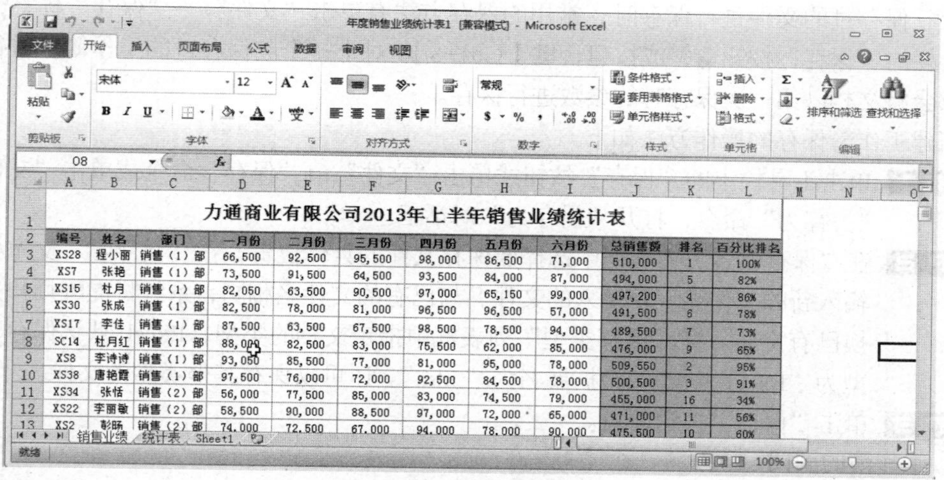

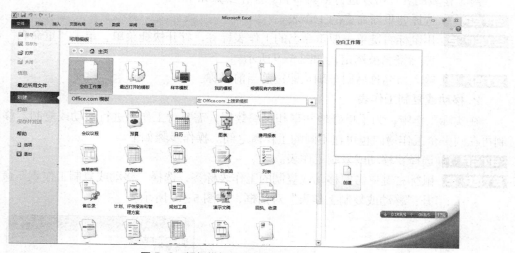

图 5-7　根据现有工作簿建立新的工作簿

3.根据模板建立工作簿

根据模板建立工作簿的操作步骤如下。

STEP 1　单击"文件"→"新建"标签，打开"新建工作簿"任务窗格。

STEP 2　在"模板"栏中有"可用模板"、"Office.com 模板"，可根据需要进行选择，如图 5-8 所示。

图 5-8　根据模板新建工作簿任务窗格

5.2.3　工作簿的打开、保存和关闭

1.工作簿的打开

打开工作簿的一般操作步骤如下。

STEP 1　单击"文件"→"打开"标签，弹出"打开"对话框。

STEP 2　在"查找范围"列表中，指定要打开文件所在的驱动器、文件夹或 Internet 位置。

STEP 3　在文件夹及文件列表中，选定要打开的工作簿文件。

STEP 4 单击"打开"按钮。

2. 工作簿的保存

对已保存过的文件进行保存时，常用的保存方法有单击"文件"→"保存"标签，或单击工具栏的"保存"按钮 ，或按组合键【Ctrl+S】。对于一个已保存过的工作簿，进行以上操作都会将文档以第一次保存时的参数进行保存。

新建工作簿保存的操作方法如下。

STEP 1 单击工具栏上的"保存"按钮或单击"文件"→"保存"命令或单击"文件"→"另存为"命令，打开"另存为"对话框。

STEP 2 在"保存位置"列表框中选择要保存文件的具体位置，在"文件名"文本框中，输入新的文件名。若输入的文件名与已有的文件名相同，系统将提醒用户是否替换已有文件。在"保存类型"列表框中指定文档的类型，Excel 默认保存文件类型为"Excel 工作簿"，扩展名为".xlsx"。还可以保存其他类型的文件。

STEP 3 单击"保存"按钮即可。

3. 工作簿的关闭

关闭工作簿并且不退出 Excel，可以通过下面方法来实现。

单击"文件"→"关闭"标签，或单击工作簿右边的关闭窗口按钮 ，或按【Ctrl+F4】组合键。

5.2.4　工作表的基本操作

1. 重命名工作表

对工作表的名称可以进行重新命名。操作步骤如下。

STEP 1 选择要重新命名的工作表。

STEP 2 用鼠标右键单击要重命名的工作表标签，打开快捷菜单，单击"重命名"命令，原标签名被选定，如图 5-9 所示。

STEP 3 输入新名称后回车确认即覆盖当前名称。

2. 移动或复制工作表

在实际工作中，为了更好地共享和组织数据，需要对工作表进行移动或复制。移动或复制可在同一个工作簿内也可在不同的工作簿之间。操作步骤如下。

STEP 1 选择要移动或复制工作表。

STEP 2 鼠标右键单击要移动或复制的工作表标签，选择"移动或复制工作表"命令，打开"移动或复制工作表"对话框，如图 5-10 所示。

图 5-9　选择快捷菜单"重命名"

图 5-10　"移动或复制工作表

STEP 3 在"工作簿"框中选择要移动或复制到的目标工作簿名。

STEP 4 在"下列选定工作表之前"框中选择把工作表移动或复制到的目标工作簿中的指定的工作表。

STEP 5 如果要复制工作表,应选中"建立副本"复选框,否则为移动工作表,最后单击"确定"按钮。

另外,在同一工作簿内进行移动或复制工作表,可用鼠标拖动来实现,复制操作为:按住【Ctrl】键,用鼠标拖动源工作表,光标变成带加号的图标,鼠标拖动到目标工作表位置即可。移动操作为直接拖动到目标工作表位置。

3. 插入和删除工作表

(1)插入工作表操作步骤

STEP 1 指定插入工作表的位置,即选择一个工作表,要插入的表在此工作表之前。

STEP 2 单击"开始"→"单元格"选项组中"插入"命令,在选项中单击"插入工作表"即可插入一个空白工作表。或在需插入表格的位置单击鼠标右键,在快捷菜单中单击"插入"命令,在弹出的选项中单击"工作表"后点"确定"也可插入一个空白工作表。

(2)删除工作表操作步骤

STEP 1 选择需要删除的工作表。

STEP 2 单击"开始"→"单元格"选项组中"删除"命令,在选项中单击"删除工作表"即可删除当前工作表。或在需删除工作表标签位置单击鼠标右键,在快捷菜单中单击"删除"命令即可删除工作表。

注意　　在删除选定的工作表时,若工作表中有数据时会弹出提示对话框。工作表被删除后不能用"撤销"恢复。

4. 在工作表中滚动

当工作表的数据较多,一屏不能完全显示时,可以拖动垂直滚动条和水平滚动条来上下或左右显示单元格数据,也可以单击滚动条两边的箭头按钮来显示数据,然后用鼠标单击要选的单元格。单元格操作也可使用键盘快捷键,如表 5-1 所示。

表 5-1　选择单元格的快捷键

箭头键(↑、↓、←、→)	向上、下、左或右移动一个单元格
Ctrl+箭头键	移动到当前数据区域的边缘
Home	移动到行首
Ctrl+Home	移动到工作表的开头
Ctrl+End	移动到工作表的最后一个单元格,该单元格位于数据所占用的最右列的最下行中
Page Down	向下移动一屏
Page Up	向上移动一屏
Alt+Page Down	向右移动一屏
Alt+Page Up	向左移动一屏

5. 选择工作表

当输入或更改数据时，会影响所有被选中的工作表。这些更改可能会替换活动工作表和其他被选中的工作表上的数据。

（1）选择工作表有以下操作方法。

① 选择单张工作表：单击工作表标签。如果看不到所需的标签，可单击标签滚动按钮来显示此标签，然后再单击它。

② 选择两张或多张相邻的工作表：先选中第一张工作表的标签，再按住【Shift】键，单击最后一张工作表的标签。

③ 选择两张或多张不相邻的工作表：单击第一张工作表的标签，再按住【Ctrl】键，单击其他要选的工作表标签。

④ 工作簿中所有工作表：右键单击工作表标签，再单击快捷菜单上的“选定全部工作表”。

（2）取消对多张工作表的选取操作方法。

① 取消对工作簿中多张工作表的选取：单击工作簿中任意一个未选取的工作表标签。

② 若未选取的工作表标签不可见，可用鼠标右键单击某个被选取的工作表的标签，再单击快捷菜单上的“取消组合工作表”命令。

6. 工作窗口的拆分

当我们在对一个工作表输入数据、浏览或编辑时，如果工作表行数超过一屏时，在向下滚动过程到标题行消失后，有时会记错各列标题的相对位置，这时可以将窗口拆分为几部分，将标题部分保留在屏幕上不动，只滚动数据部分。操作方法如下。

STEP 1 根据需要单击拆分位置单元格，若仅需拆分为上下两个窗口，则单击需拆分行中A列单元格，如图5-11所示，拆分后结果如图5-12所示，若需拆分为4个窗口则单击拆分位置下一行和右一列单元格，如图5-13所示，拆分后结果如图5-14所示。

	A	B	C
1	系别	学号	姓名
2	机械系	20130001	张跃平
3	电气系	20130002	李丽
4	计算机系	20130003	邹艳珍

图 5-11　拆分为 2 个窗口时单元格选择

	A	B	C
1	系别	学号	姓名
2	机械系	20130001	张跃平
3	电气系	20130002	李丽
4	计算机系	20130003	邹艳珍

图 5-12　拆分为 2 个窗口结果

	A	B	C	D	E
1	系别	学号	姓名	性别	英语
2	机械系	20130001	张跃平	男	87
3	电气系	20130002	李丽	女	90
4	计算机系	20130003	邹艳珍	女	62
5	化工系	20130004	陈慧君	女	76
6	建筑系	20130005	文艳芳	女	82
7	外语系	20130006	文蔚	女	83
8	计算机系	20130007	吴丽萍	女	85

图 5-13　拆分为 4 个窗口时单元格选择

	A	B	C	D	E
1	系别	学号	姓名	性别	英语
2	机械系	20130001	张跃平	男	87
3	电气系	20130002	李丽	女	90
4	计算机系	20130003	邹艳珍	女	62
5	化工系	20130004	陈慧君	女	76
6	建筑系	20130005	文艳芳	女	82
7	外语系	20130006	文蔚	女	83
8	计算机系	20130007	吴丽萍	女	85

图 5-14　拆分为 4 个窗口结果

STEP 2 在主菜单上单击“视图”→“窗口”选项组中“拆分”命令即可完成拆分，如图5-15所示。拆分后两个窗口数据可以单独操作。

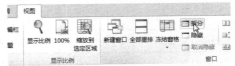

图 5-15　选择快捷菜单“拆分”

STEP 3 取消拆分窗口时可再次单击“视图”→“窗口”选项组中“拆分”命令，也可将鼠标指针置于水平拆分或垂直拆分线或双拆分钱交点上，双击鼠标左键即可取消已拆分的窗口。

7. 工作窗口的冻结

当工作表行数超过一屏，需要对表格中标题行（列）固定显示时，可以对工作窗口进行冻结。操作方法如下。

STEP 1 根据需要单击拆分位置单元格，若仅需固定显示行标题，则单击需冻结行的下一行 A 列单元格或选中下一行，即要冻结第 3 行及以上内容则需选中第 4 行，如图 5-16 所示，冻结后结果如图 5-17 所示，此时前 3 行将固定不动。若需固定行和列标题则单击需冻结位置下一行和右一列单元格，即要冻结前 3 行和前 1 列，则单击第 4 行第 2 列（即 D2）单元格，如图 5-18 所示，冻结后结果如图 5-19 所示。

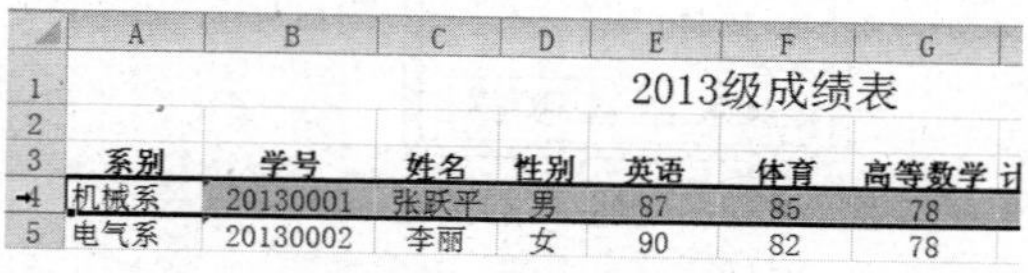

图 5-16　选择冻结位置

图 5-17　冻结前 3 行

STEP 2 在主菜单上单击"视图"→"窗口"选项组中"冻结窗口"命令，出现图 5-20 所示选项，单击"冻结拆分窗口"即可完成窗口冻结。若只需冻结首行或首列，则选中工作表中任意一个单元格，选择"冻结首行"或"冻结首列"命令即可。

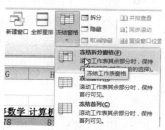

图 5-18　选择冻结位置 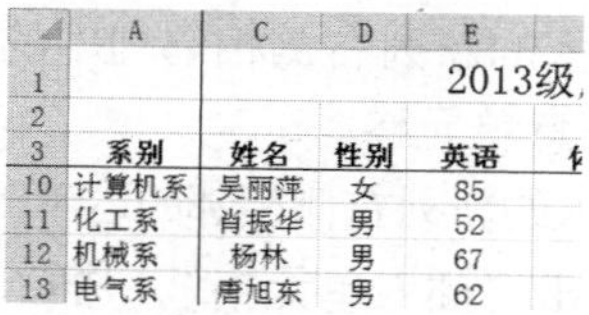　　图 5-19　冻结前 3 行和第 1 列　　图 5-20　冻结窗口选项

5.2.5　单元格的基本操作

1. 清除单元格格式或内容

清除单元格，只是删除了单元格中的内容（公式和数据）、格式或批注，但是空白单元格仍然保留在工作表中，其具体操作步骤如下。

STEP 1 选定需要清除其格式或内容的单元格或区域。

STEP 2 在"开始"→"编辑"选项组中单击"清除"下拉按钮，弹出下拉菜单，如图 5-21 所示，在下拉菜单中执行下列操作之一。

- "全部清除"命令：可清除格式、内容、批注和数据有效性。
- "清除格式"命令：可清除格式。
- "清除内容"命令：可清除内容。也可单击【Delete】键直接清除内容；或右键单击选定单元格，选择快捷菜单中的"清除内容"。
- "清除批注"命令：可清除批注。
- "清除超链接"命令：可清除超链接。

2. 删除单元格、行或列

删除单元格，是从工作表中移去选定的单元格和数据，然后调整周围的单元格填补删除后的空缺。操作步骤如下。

STEP 1 选定需要删除的单元格、行、列或区域。

STEP 2 在"开始"→"单元格"选项组中单击"删除"下拉按钮，在下拉菜单中进行选择删除或从快捷菜单中选择"删除"命令，打开其对话框，如图 5-22 所示，按需要进行选择并单击"确定"按钮。

图 5-21 "清除"下拉菜单　　　　　图 5-22 "删除"对话框

3. 插入空白单元格、行或列

① 选定要插入新的空白单元格、行、列，具体执行下列操作之一。

● 插入新的空白单元格：选定要插入新的空白单元格的单元格区域。注意选定的单元格数目应与要插入的单元格数目相等。

● 插入一行：单击需要插入的新行之下相邻行中的任意单元格。如要在第 5 行之上插入一行，则单击第 5 行中的任意单元格。

● 插入多行：选定需要插入的新行之下相邻的若干行。选定的行数应与要插入的行数相等。

● 插入一列：单击需要插入的新列右侧相邻列中的任意单元格。如要在 B 列左侧插入一列，请单击 B 列中的任意单元格。

● 插入多列：选定需要插入的新列右侧相邻的若干列。选定的列数应与要插入的列数相等。

② 在"插入"菜单上，单击"插入单元格"、"插入工作表行"、"插入工作表列"或"插入工作表"，如图 5-23 所示。如果单击"插入单元格"，则打开其对话框，如图 5-24 所示。也可从快捷菜单中选择"插入"命令，打开其对话框，选择插入整行、整列或要移动周围单元格的方向，最后单击"确定"按钮。

4. 移动行或列

① 选定需要移动的行、列或单元格，如图 5-25 所示。

图 5-23 "插入"菜单　　　图 5-24 "插入"对话框　　　图 5-25 选定要移动的单元格

② 在"开始"→"剪贴板"选项组中单击"剪切"按钮，如图 5-26 所示，或单击鼠标右键后在快捷菜单中用左键单击"剪切"按钮。

③ 选择要移动到的区域的行或列，或要移动到的区域的第一个单元格。如选择 A29 单元格。

④ 在"开始"→"单元格"选项组中单击"插入"下拉按钮，在下拉菜单中"插入剪切的单元格"命令，或单击鼠标右键后在快捷菜单中用左键单击"粘贴选项:"下方的"📋"（粘

贴）图标。移动结果如图 5-27 所示。

图 5-26 单击"剪切"按钮

图 5-27 移动结果

5. 移动或复制单元格

① 选定要移动或复制的单元格。

② 执行下列操作之一。

- 移动单元格：在"开始"→"剪贴板"选项组中单击"剪切"命令，或单击鼠标右键后在快捷菜单中用左键单击"剪切"，再选择需粘贴区域的左上角单元格。
- 复制单元格：在"开始"→"剪贴板"选项组中单击"复制"按钮，或单击鼠标右键后在快捷菜单中用左键单击"复制"，再选择需粘贴区域的左上角单元格。
- 将选定单元格移动或复制到其他工作表：在"开始"→"剪贴板"选项组中单击"剪切"按钮或"复制"按钮，再单击新工作表标签。
- 将单元格移动或复制到其他工作簿：在"开始"→"剪贴板"选项组中单击"剪切"按钮或"复制"按钮，再切换到其他工作簿。

③ 单击"开始"→"剪贴板"选项组中单击"粘贴"按钮，也可单击鼠标右键后在快捷菜单中用左键单击"粘贴选项："下方的 📋（粘贴）图标。

5.2.6 数据类型与数据输入

1. 常见数据类型

单元格中的数据有类型之分，常用的数据类型分为：文本型、数值型、日期/时间型、逻辑型。

① 文本型：由字母、汉字数字和符号组成。

② 数值型：除了数字（0~9）组成的字符外，还包括 + 、 − 、(、)、E、e、/、$、%，以及小数点"."和千分位符","等字符。

③ 日期/时间型：输入日期时间型时要遵循 Excel 内置的一些的格式。常见的日期时间格式为"yy/mm/dd"、"yy-mm-dd"、"hh:mm[:ss]〔AM/PM〕"。

④ 逻辑型：TRUE、FALSE。

2. 数据输入

在工作表中选定了要输入数据的单元格，就可以在其中输入数据，输入时单击要选定的单元格或双击要选定的单元格直接输入，当采用单击后输入时将覆盖原有内容。

（1）文本型数据输入

- 字符文本：直接输入包括英文字母、汉字、数字和符号，如 ABC、姓名、a10。
- 数字文本：由数字组成的字符串。先输入单引号，再输入数字，如：'12580。

单元格中输入文本的最大长度为 32 767 个字符。单元格最多只能显示 1 024 个字符，但在编辑栏可全部显示。默认为左对齐。当文字长度超过单元格宽度且未进行自动换行或缩小字体填充等设置时，如果相邻单元格无数据，则可显示出来，否则将隐藏。

（2）数值型数据输入

● 输入数值：直接输入数字，数字中可包含一个逗号，如 123，1,895,710.89。如果在数字中间出现任一字符或空格，则认为它是一个文本字符串，而不再是数值，如 123A45、234 567。

● 输入分数：带分数的输入是在整数和分数之间加一个空格，真分数的输入是先输入 0 和空格，再输入分数。如 4 3/5、0 3/5。

● 输入货币数值：先输入$或¥等货币符号，再输入数字。如$123、¥845。

● 输入负数：先输入减号，再输入数字，或用圆括号（ ）把数括起来。如−1234、（1234）。

● 输入科学计数法表示的数：直接输入，如 3.46E+10。

数值数据默认为右对齐。当数据太长，Excel 自动以科学计数法表示。如输入 123456789012 时将显示为 1.23457E+11。当单元格宽度变化时，科学计数法表示的有效位数也会变化，但单元格存储的值不变。数字精度为 15 位，当超过 15 位时，多余的数字将转换为 0。

（3）日期/时间型数据输入

● 输入日期数据时直接输入格式为"yyyy/mm/dd"或"yyyy−mm−dd"的数据，也可是"yy/mm/dd"或"yy−mm−dd"的数据，也可输入"mm/dd"的数据。如 2013/05/05，04−04−21，8/20。输入时间数据时直接输入格式为"hh:mm[:ss]　[AM/PM]"的数据，如 9:35:45，9:21:30 PM。

● 日期和时间数据输入：日期和时间用空格分隔。如 2013−4−21　9:03:00。

● 快速输入当前日期：按【Ctrl+；】组合键。

● 快速输入当前时间：按【Ctrl+：】组合键（即先按下【Ctrl+Shift】组合键，再按下【：】、【；】键）。

日期/时间型数据系统默认为右对齐。当输入了系统不能识别的日期或时间时，系统将认为输入的是文本字符串。单元格太窄时非文本数据将以"#"号显示。

注意分数和日期数据输入的区别，如分数 0 3/6，日期 3/6。

（4）逻辑型数据输入

● 逻辑真值输入：直接输入"TRUE"。

● 逻辑假值输入：直接输入"FALSE"。

各类数据输入示例如图 5−28 所示。

	A	B	C	D	E
1	字符串	college		数字	6745
2	字符串前加引号	63college		科学计数法显示长数字	3.46539E+11
3	长字符串扩展到右边列	windows 7 office 2010		货币显示	
4	长字符串截断显示	windows 7 office 2010		分数	
5	日期	2013/7/9		用0 2/3表示的分数	2/3
6	时间	19:30		2/3被识别为日期	2月3日
7	缺少空格被当作字符串	2012-5-69:30pm		超出15位后部分变为0	7.82976E+19
8	逻辑型（真）	TRUE		逻辑型（假）	FALSE

图 5-28 数据输入示例

3. 数据自动输入

在输入数据时，如果数据为重复数据或一些有规律的数据，可在区域内使用数据自动输入。区域是连续的单元格，用单元格的左上角和右下角表示，如用 A5:E9 表示左上起于 A5 右下止于 E9 的 25 个单元格。Excel 对一些有规律性的数据可以在指定的区域进行自动填充。填充可以分为以下几种情况。

（1）自动填充

自动填充是根据初始值决定以后的填充值。方法是用鼠标左键先单击初始值所在的单元格，再将鼠标移至该单元格的右下角，当光标从空心十字（✛）变为实习十字（✚）时按下鼠标左键不放并拖动至填充的最后一个单元格即可完成填充。填充可以实现以下几种功能。

- 初始值为纯文本或数值，填充相当于数据的复制。
- 初始值为文本和数字的混合体，填充时文本不变，数值部分递增。例如，初始值为 AC2，则填充递增为 AC3、AC4、AC5 等。
- 初始值为预设的自动填充序列中的一员，按预设序列填充。例如，初始值为星期一，则填充为星期二、星期三、星期四等。
- 如果连续的单元格存在等差关系，如 1、3、5…或 A3、A5、A7、…，则选中该区域，填充时按照数字序列的步长填充。

使用上述方法进行填充时，在释放鼠标左键后，在最后一个单元格右边将出现一个选择按钮 ⊞，单击右下角的"+"号，将出现图 5-29 所示的选项，在选项中可更改填充方式。

除使用上述方法外，用户还可以在"开始"→"编辑"选项中单击"填充"，在"填充"菜单中根据需要选择填充方式，如图 5-30 所示。其中"系列"可对填充类型、步长设定，如图 5-31 所示。在"序列"框中，选择"行"或"列"，告诉 Excel 是按行方向进行填充，还是按列方向进行填充。在"类型"框中，选择序列的类型，如果选择"日期"，还必须在"日期单位"框中选择所需的单位（日、月、年）。如果要确定序列增加或减少的数量，在"步长值"框中输入一个正数或负数。另外，在"终止值"框中可以选定序列的最后一个值。

单击"确定"按钮将创建一个序列。

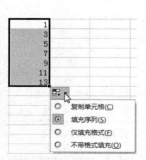

图 5-29 填充方式更改

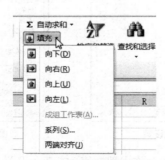

图 5-30 通过菜单填充

图 5-31 按下鼠标右键进行复制

（2）特殊的自动填充

如果只想实施数据的简单复制，选中需要复制的单元格式区域，按下【Ctrl】键后再按住鼠标左键拖动填充柄，都将实施数据的复制，不论相邻的单元格是否存在特殊关系。

如果自动填充时还考虑是否带格式或区域中是否带等差还是等比序列，在自动填充时按住鼠标右键，拖曳到填充的最后一个单元格释放，将出现图5-31所示的快捷菜单。

菜单中部分选项含义如下。

- 复制单元格：实施数据的复制，相当于按下【Ctrl】键。
- 填充序列：相当于前面的自动填充。
- 仅填充格式：只填充格式而不填数据。
- 不带格式填充：按前述默认方式填充数据。
- 序列：将出现图5-32所示的"序列"对话框。

4. 输入有效数据

在Excel中，可以使用"数据有效性"来控制单元格中输入数据的类型及范围，这样可以限制其他用户不能给参与运算的单元格输入错误的数据，以避免运算时发生混乱。操作步骤如下。

STEP 1 选定需要限制期限有效数据范围的单元格。

STEP 2 在"数据"→"数据有效性"选项级中单击"数据有效性"下拉按钮，将出现图5-33所示的菜单，单击"数据有效性"选项，将出现图5-34所示设置对话框。

图 5-32 "序列"填充设置

图 5-33 启动数据有效性设置

STEP 3 在"允许"下拉列表框中选择允许输入的数据类型，如"整数"、"日期"等，如图5-34所示。

STEP 4 在"数据"下拉列表中单击所需的操作，如图5-35所示，根据选定的操作符指定数据上限或下限。

图 5-34 数据有效性设置

图 5-35 设置数据输入范围

如果希望有效数据单元格中允许出现空值，或者在设置上下限时使用的单元格引用或公式引用了基于初始值为空值的单元格，请确认选中"忽略空值"复选框。单击"确定"后完成设置。

在输入数据之后，查看工作表中输入的值是否有效。当审核工作表有错误输入时，Excel将按照"数据"菜单中"有效性"命令设置的限制范围对工作表中的数值进行判断，并标记所有无效数据的单元格。具体方法如下。

在"数据"→"数据工具"选项中单击"数据有效性"下拉按钮，如图 5-36 所示。从下拉菜单中选择"圈释无效数据"命令即可在含有无效输入值的单元格周围显示一个圆圈，当更正无效输入值之后，圆圈随即消失，如图 5-37 所示。

图 5-36　数据有效性设置

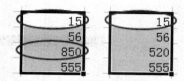

图 5-37　无效数据圈释和更正

5.在单元格中插入批注

批注是附加在单元格中，与单元格的其他内容分开的注释。批注是十分有用的提醒方式，如注释复杂的公式如何工作，或对某些数据进行说明。给单元格添加批注的步骤如下。

STEP 1 选中需要插入批注的单元格。

STEP 2 在"审阅"→"批注"选项组中单击"新建批注"命令，如图 5-38 所示，在出现的批注框中输入注释内容，如图 5-39 所示。

STEP 3 输入完毕，单击其他单元格即可。

在一个单元格中插入批注后，该单元格的右上角会出现一个红色的三角形　　　，如果将鼠标移到该单元格，批注的内容将被显示出来，如图 5-40 所示。

图 5-38　插入批注

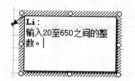

图 5-39　输入批注内容

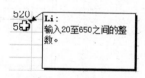

图 5-40　显示批注

5.2.7　工作表格式化

1.设置工作表和数据格式

在单元格中输入数据时，系统一般会根据输入的内容自动确定它们的类型，字形、大小、对齐方式等数据格式。也可以根据需要进行重新设置。操作步骤如下。

STEP 1 在"开始"→"单元格"选项组中单击"格式"下拉按钮，如图 5-41 所示。在下拉菜单中选择"设置单元格格式"命令或快捷菜单中的"设置单元格格式"命令，打开"单元格格式"对话框。

STEP 2 单击"数字"选项卡，在"分类"框中选

图 5-41　选择"设置单元格格式"命令

择要设置的数字，在右边"类型"框中选择具体的表示形式。如选择日期，并选择"二○○一年三月十四日"的显示格式，如图5-42所示。

图5-42　设置日期格式

STEP 3 如选择数值，并设置小数位数、使用千位分隔符和负数的表示形式，如图5-43所示。

图5-43　设置数值格式

注意

对数字、货币还可以用工具栏中的各种按钮设置格式。

STEP 4 单击"确定"按钮，完成格式的设置。

注意

对话框中数字形式的分类共有12种，可以根据需要选择不同的格式，在"自定义"类别中包含所有的格式，用户可以自行设置。

2．边框和底纹
（1）设置边框
STEP 1 选定要设置边框的单元格区域。

STEP 2 在"开始"→"单元格"选项组中单击"格式"下拉按钮，在下拉菜单中选择"设置单元格格式"命令，或快捷菜单中的"设置单元格格式"命令，打开其对话框。

STEP 3 选择"边框"选项卡，如图 5-44 所示。

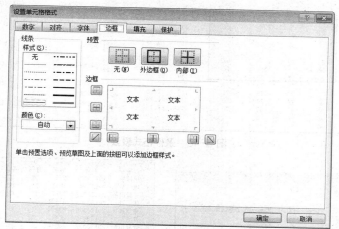

图 5-44　边框选项卡

STEP 4 在"样式"中选择线型，在"颜色"中选择线条颜色，在"边框"中选择需要设定的位置，最后单击"确定"按钮。图 5-45 所示为设置边框后的效果。

（2）设置底纹

STEP 1 选定要设置底纹的单元格区域。

系别	学号	姓名	性别	英语	体育
机械系	20130001	张跃平	男	87	85
电气系	20130002	李丽	女	90	82
计算机系	20130003	邹艳珍	女	62	87
化工系	20130004	陈慧君	女	76	81
建筑系	20130005	文艳芳	女	82	67
外语系	20130006	文蔚	女	83	65

图 5-45　设置边框示例

STEP 2 在"开始"→"单元格"选项组中单击"格式"下拉按钮，在下拉菜单中选择"设置单元格格式"命令，或快捷菜单中的"设置单元格格式"命令，打开其对话框。

STEP 3 选择"填充"选项卡。

STEP 4 具体进行"图案颜色"、"填充效果"和"图案样式"的选择，然后单击"确定"按钮即可。

3. 条件格式

条件格式是指当指定条件为真时，系统自动应用于单元格的格式，如单元格底纹或字体颜色。下面介绍将学生成绩小于 60 分的数据以红色标记出来。

（1）设置条件格式

STEP 1 选中要设置条件格式的单元格区域。

STEP 2 单击"开始"→"样式"选项组中单击"条件格式"下拉按钮。

STEP 3 在下拉列表框中选择"突出显示单元格规则"选项，在右边的子菜单中选择"小于"，如图 5-46 所示。

STEP 4 打开"小于"对话框，在"小于"对话框中"为小于以下值的单元格设置格式"文本框中输入作为特定值的数值，如 60，在右侧下拉列表框中选择一种单元格样式，如"浅红填充色深红色文本"，如图 5-47 所示。

STEP 5 单击"确定"按钮，即可自动查找到单元格区域中小于 60 分的数据，并将它们以红色标记出来，如图 5-48 所示。

图 5-46　条件格式设置

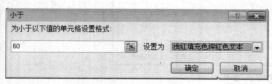

图 5-47　"小于"对话框

图 5-48　设置后的效果

（2）更改或删除条件格式

选中操作区域，执行下列一项或多项操作。

● 如果要更改格式，单击"条件格式"按钮，打开"规则管理"，单击"编辑规则"按钮，即可进行更改。

● 要删除一个或多个条件，在"管理规则"中选择"删除规划"，打开其对话框，如图5-49 所示，接着选中要删除条件的复选框即可。也可单击"条件格式"按钮后选择"清除规划"，再根据需要选择"清除所选单元格的规则"或"清除整个工作表的规则"。

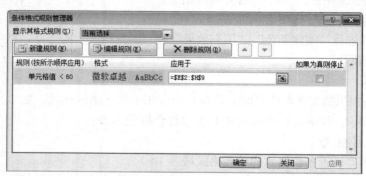

图 5-49　"条件格式规则管理器"对话框

4.行高和列宽的设置

创建工作表时，在默认情况下，所有单元格具有相同的宽度和高度，输入的字符串超过列宽时，超长的文字在左右有数据时被隐藏，数字数据则以"#######"显示。数据不完整时可通过行高和列宽的调整来显示完整的数据。

（1）鼠标拖动

● 将鼠标移到列标或行号上两列或两行的分界线上，拖动分界线以调整列宽或行高，如图 5-50 所示。

● 鼠标双击分界线，列宽和行高会自动调整到最适当大小。

注意　　用鼠标单击某一分界线，会显示有关的列宽度和行的高度信息。

（2）行高和列宽的精确调整

① 单击"开始"→"单元格"选项组中"格式"下拉按钮，在下拉菜单中进行设置，如图 5-51 所示。

图 5-50　拖动分界线　　　　　　　图 5-51　"格式"菜单

② 执行下列操作之一。

● 选择"列宽"、"行高"或"默认列宽"，打开相应的对话框，输入需要设置的数据。

● 选择"自动调整列宽"或"自动调整行高"命令，选定列中最宽的数据为宽度或选定行中最高的数据为高度自动调整。

5. 单元格样式

样式是格式的集合。样式中的格式包括数字格式、字体格式、字体种类、大小、对齐方式、边框、图案等。当不同的单元格需要重复使用同一格式时，逐一设置很费时间。如果利用系统的"样式"功能，可提高工作的效率。

（1）应用样式

① 选择要设置格式的单元格，在"开始"→"样式"选项组中单击"单元格样式"下拉按钮。

② 从"样式名"下拉列表框中选择具体样式，对"样式包括"的各种复选框进行选择，如图 5-52 所示。

说明　　如果要应用普通数字样式，单击工具栏上的"千位分隔样式"按钮、"货币样式"按钮或"百分比样式"按钮。

（2）创建新样式

STEP 1　选定一个单元格，它含有新样式中要包含的格式组合（给样式命名时可指定格式）。

STEP 2 在"开始"→"样式"选项组中单击"单元格样式"命令，在下拉列表中选择"新建单元格样式"命令，打开"样式"对话框，如图5-53所示。

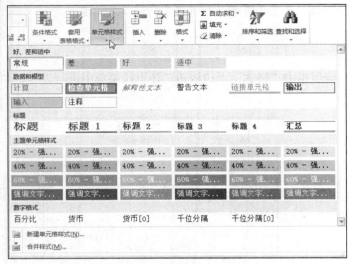

图5-52　样式选择　　　　　　　　　　　图5-53　"样式"对话框

STEP 3 在"样式名"框中键入新样式的名称。

STEP 4 根据需要勾选"包括样式"，单击"格式"编辑格式。

STEP 5 单击"确定"按钮即可创建一个新的样式。

6. 文本和数据

在默认情况下，单元格中文本的字体是宋体、11号字，并且靠左对齐，数字靠右对齐。可根据实际需要进行重新设置。设置文本字体方法如下。

STEP 1 选中要设置格式的单元格或文本。

STEP 2 单击鼠标右键，在弹出的快捷菜单中选择"设置单元格格式"命令，打开其对话框。执行下列一项或多项操作。

● 单击"开始"→"字体"选项组右下角 按钮，打开"设置单元格格式"的"字体"对话框，如图5-54所示。

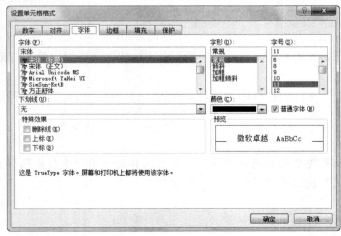

图5-54　"字体"对话框

- 对"字体"、"字形"、"字号"、"下划线"、"颜色"等进行设置。另外，也可用"格式"工具栏的各种格式按钮进行设置。
- 单击"对齐"选项卡，如图 5-55 所示，进行具体设置。

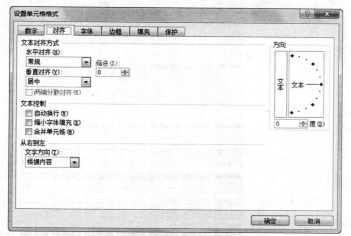

图 5-55 "对齐"对话框

STEP 3 "文本对齐方式"栏的"水平对齐"列表框中有 7 种方式，如图 5-56（a）所示。"垂直对齐"列表框中有 4 种方式，如图 5-56（b）所示。"文字方向"有 3 种方式，如图 5-56（c）所示。"文本控制"和"方向"中各选项含义如下。

（a）　　　　　　　　（b）　　　　　　　　（c）

图 5-56 格式中的各种选择方式

- 自动换行：对输入的文本根据单元格的列宽自动换行。
- 缩小字体填充：减小字符大小，使数据的宽度与列宽相同。如果更改列宽，则将自动调整字符大小。此选项不会更改所应用的字号。
- 合并单元格：将所选的两个或多个单元格合并为一个单元格。合并后的单元格引用为最初所选区域中位于左上角的单元格中的内容。和"水平对齐"中的"居中"按钮结合，一般用于标题的对齐显示，也可用工具栏上的"合并及居中"按钮完成此种设置。
- 文字方向：在"文字方向"框中选择选项以指定阅读顺序和对齐方式。
- 方向："方向"用来改变单元格中文本旋转的角度。

STEP 4 设置完毕后单击"确定"按钮。

7. 套用表格样式

利用系统的"套用表格样式"功能，可以快速地对工作表进行格式化，使表格变得美观大方。系统预定义了 56 种表格的格式，其具体操作步骤如下。

① 选中要设置格式的单元格或区域。

② 在 "开始" → "样式" 选项组中单击 "套用表格样式" 下拉按钮，展开下拉列表，如图 5-57 所示。

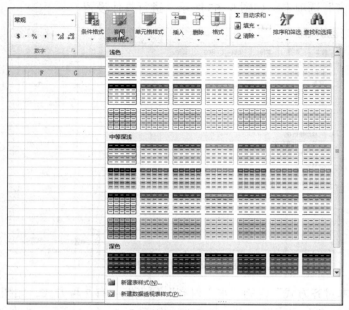

图 5-57　套用表格样式

③ 选择一种格式即可应用。

5.2.8　课后加油站

练习 1：利用快捷键创建空白工作簿。

练习 2：更改工作表标签显示颜色。

练习 3：选取工作表中所有单元格。

练习 4：选取工作表中单个或部分单元格。

① 选择单个单元格。

② 选择连续的单元格区域。

③ 选择不连续的单元格或区域。

练习 5：按单元格格式进行查找。

练习 6：一次设置多行的行高或多列的列宽。

练习 7：输入分数 2/5。

练习 8：设置数据有效性设置：工作表中 "成绩" 列的数值在-1～100（-1 表示缺考），这时可以设置 "成绩" 列的数据有效性为大于-1 小于 100 的整数。

练习 9：使用格式刷复制条件格式。

练习 10：更改工作表背景。

5.3　数据处理

5.3.1　排序

系统的排序功能可以将表中列的数据按照升序或降序排列，排列的列名通常称为关键字。

进行排序后，每个记录的数据不变，只是跟随关键字排序的结果记录顺序发生了变化。

升序排列时，默认的次序如下。

① 数字：从最小的负数到最大的正数。

② 文本和包含数字的文本：从 0~9（空格）！" # $ % & ( ) * , . / : ; ? @ [\ ] ^ _ ` { | } ~ + < = > A~Z。单引号（'）和连字符（-）会被忽略。但如果两个文本字符串除了连字符不同外其余都相同，则带连字符的文本排在后面。

③ 字母：在按字母先后顺序对文本项进行排序时，从左到右一个字符一个字符地进行排序。

④ 逻辑值：FALSE 在 TRUE 之前。

⑤ 错误值：所有错误值的优先级相同。

⑥ 空格：空格始终排在最后。

降序排列的次序与升序相反。

1. 单列排序

STEP 1 选择需要排序的数据列，选择时只需选择该列中有数据的任意一个单元格即可，如"编号"列。

STEP 2 在"数据"→"排序和筛选"选项组中单击"升序排序"按钮或"降序排序"按钮，如图 5-58 所示，即可对"编号"字段升序排序。

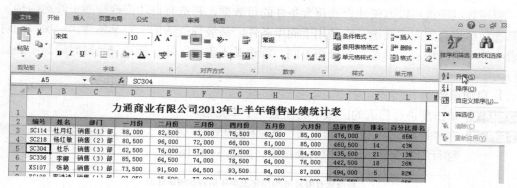

图 5-58 "编号"字段升序排序

注意 排序时不可选中部分区域或完全选中其中一列，然后进行排序，这样会出现记录数据混乱。选择数据时，不是选中全部区域，就是选中区域内任意一个单元格。

2. 多列排序

STEP 1 在需要排序的区域中，单击任意单元格。

STEP 2 在"数据"→"排序和筛选"选项组中单击"排序"命令，打开其对话框，如图 5-59 所示。

STEP 3 选定"主要关键字"和排序的次序后，可以设置"次要关键字"、"第三关键字"和排序的次序。

注意　多个关键字排序是当主要关键字的数值相同时，按照次要关键字的次序进行排列，次要关键字的数值也相同时，按照第三关键字的次序排列。单击"选项"按钮，打开"排序选项"对话框，如图 5-60 所示，可设置区分大小写、按行排序、按笔划排序等复杂的排序。

图 5-59　"排序"对话框

图 5-60　"排序选项"对话框

STEP 4　数据表的字段名不参加排序，应选中"有标题行"单选钮；如果没有字段名行，应选中"无标题行"单选钮，再单击"确定"按钮。

5.3.2　筛选

利用数据筛选可以方便地查找符合条件的行数据，筛选有自动筛选和高级筛选两种。自动筛选包括按选定内容筛选，它适用于简单条件。高级筛选适用于复杂条件。一次只能对工作表中的一个区域应用筛选。与排序不同，筛选并不重排区域。筛选只是暂时隐藏不必显示的行。

1.自动筛选

STEP 1　单击要进行筛选的区域中的任意一个单元格。

STEP 2　在"数据"→"排序和筛选"选项组中单击"筛选"命令，数据区域中各字段名称行的右侧显示出下拉列表按钮，如图 5-61 所示。

力通商业有限公司2013年上半年销售业绩统计表									
编号	姓名	部门	一月份	二月份	三月份	四月份	五月份	六月份	总销售	排名	百分比排
SC114	杜月红	销售（1）部	88,000	82,500	83,000	75,500	62,000	85,000	476,000	9	65%
SC218	杨红敏	销售（2）部	80,500	96,000	72,000	66,000	61,000	85,000	460,500	14	43%
SC304	杜乐	销售（3）部	62,500	76,000	57,000	67,500	88,000	84,500	435,500	21	13%
SC336	李娜	销售（3）部	85,500	64,500	74,000	78,500	64,000	76,000	442,500	18	26%
XS107	张艳	销售（1）部	73,500	91,500	64,500	93,500	84,000	87,000	494,000	5	82%
XS108	李诗诗	销售（1）部	93,050	85,500	77,000	81,000	95,000	78,000	509,550	2	95%
XS115	杜月	销售（1）部	82,050	63,500	90,500	97,000	65,150	99,000	497,200	4	86%
XS117	李佳	销售（1）部	87,500	63,500	67,500	98,500	78,500	94,000	489,500	7	73%
XS108	程小燕	销售（1）部	66,500	93,500	95,500	89,500	86,500	71,000	519,000	1	100%

图 5-61　筛选数据

STEP 3　单击下拉列表按钮，可选择要查找的数据。如只需显示销售（1）部的数据，则选择"部门"下拉列表框后去除销售（2）部和销售（3）勾选，如图 5-62 所示，单击"确定"按钮后将只显示部门为"销售（1）部"人员的数据，结果如图 5-63 所示。

在筛选设置中，可在筛选时设置升序、降序或按颜色排序，根据所筛选数据不同，可设置不同的选项，图 5-64 所示为数据为文本时的设置，图 5-65 所示为数据为数字时的筛选设置，其中的"自定义筛选"可设置复杂的筛选条件，如在销售业绩表中要筛选出月度销售额在 7 万至 8 万之间的销售人员，可在图 5-65 所示中选择"自定义筛选"，将出现图 5-66 所示的对话框，按图示输入筛选条件，单击确定后即可筛选出符合条件的数据。

图 5-62 筛选设置

编号	姓名	部门	一月份	二月份	三月份	四月份	五月份	六月份	总销售	排名	百分比排
SC114	杜月红	销售（1）部	88,000	82,500	83,000	75,500	62,000	85,000	476,000	9	65%
XS107	张艳	销售（1）部	73,500	91,500	64,500	93,500	84,000	87,000	494,000	5	82%
XS108	李诗诗	销售（1）部	93,050	85,500	77,000	81,000	95,000	78,000	509,550	2	95%
XS115	杜月	销售（1）部	82,050	63,500	90,500	97,000	65,150	99,000	497,200	4	86%
XS117	李佳	销售（1）部	87,500	63,500	67,500	98,500	78,500	94,000	489,500	7	73%
XS128	程小丽	销售（1）部	66,500	92,500	95,500	98,000	86,500	71,000	510,000	1	100%
XS130	张成	销售（1）部	82,500	78,000	81,000	96,500	96,500	57,000	491,500	6	78%
XS138	唐艳霞	销售（1）部	97,500	76,000	72,000	92,500	84,500	78,000	500,500	3	91%

图 5-63 筛选结果示例

图 5-64 筛选设置

图 5-65 筛选结果示例

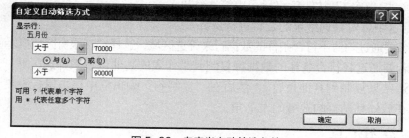

图 5-66 自定义自动筛选条件

如果要取消筛选，再次单击"数据"→"筛选"选项组中"自动筛选"命令即可。

注意

在对第一个字段进行筛选后，如果再对第二个字段进行筛选，这时是在第一个字段筛选结果的基础上进行再次筛选。

2. 高级筛选

当需要设备多个筛选条件时，可使用高级筛选功能其操作方法如下。

STEP 1 指定一个条件区域。在数据区域以外的空白区域中输入要设置的条件。设置条件时在选定区域第一行输入行标题，在标题下方输入筛选条件，标题下方每一行代

表一组条件，满足任意一组条件的数据将被筛选出来。如果是要求两个或以上条件同时满足，则应将条件输入在同一行，图 5-67 所示为筛选出满足部门为销售（1）部、一月份销售额小于 82 000，二月份销售额大于 72 000 的数据。如果要求两个或以上条件满足一个即可，则应将条件输入到不同的行，图 5-68 所示为筛选出满足部门为销售（1）部、或一月份销售额大于 82 000、或二月份销售额大于 72 000 的数据；而图 5-69 所示为筛选出满足部门为销售（1）部且二月份销售额大于 72 000，或一月份销售额小于 82 000 的数据。

部门	一月份	二月份
销售（1）部	<82000	>72000

图 5-67　同时满足多个条件

部门	一月份	二月份
销售（1）部		
	<82000	
		>72000

图 5-68　多个条件中满足一个

部门	一月份	二月份
销售（1）部		>72000
	<82000	

图 5-69　混合设置

STEP 2 单击要进行筛选的区域中的单元格，在"数据"→"排序和筛选"选项组中单击"高级"命令，打开其对话框，如图 5-70 所示。

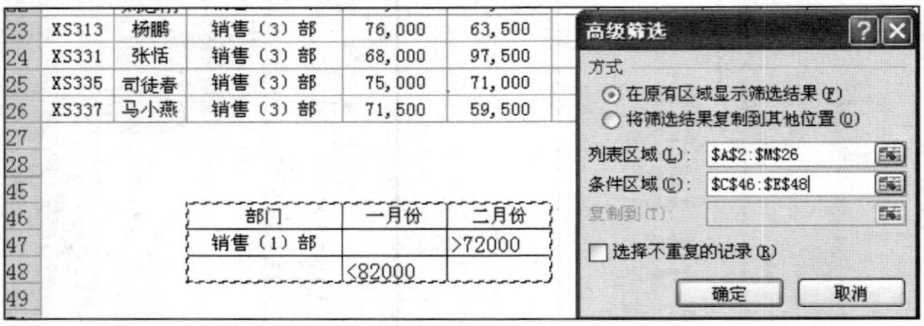

图 5-70　设置筛选条件

STEP 3 在"列表区域"内输入要筛选的数据所在的区域，在"条件区域"编辑框中输入条件区域，或单击 （折叠）按钮后用鼠标拖动选择。

STEP 4 单击"确定"按钮后将显示出筛选结果。

在高级筛选中可对筛选结果的位置进行选择。

STEP 5 若要通过隐藏不符合条件的数据行来筛选区域，选择"在原有区域显示筛选结果"。

STEP 6 若要通过将符合条件的数据行复制到工作表的其他位置来筛选区域，选择"将筛选结果复制到其他位置"，然后在"复制到"编辑框中单击鼠标左键，再单击要在该处粘贴行的区域的左上角。

5.3.3　分类汇总

在实际应用中经常用到分类汇总。分类汇总指的是按某一字段汇总有关数据，比如按部门汇总工资，按班级汇总成绩等。分类汇总必须先分类，即按某一字段排序，把同类别的数据放在一起，然后再进行求和、求平均等汇总计算，分类汇总一般在数据列表中进行。

如需在一份月度销售表（表格见图 5-71）中按周、星期记录销售金额，现在要将该表按周进行汇总统计，操作方法如下。

STEP 1 选择汇总字段，并进行升序或降序排序。此例为将表格按"周数"进行排序。

STEP 2 在"数据"→"分级显示"选项组中单击"分类汇总"命令，打开"分类汇总"对话框，如图 5-72 所示。

STEP 3 设置分类字段、汇总方式、汇总项、汇总结果的显示位置。

- 在"分类字段"框中选定分类的字段。此例选择"周数"。
- 在"汇总方式"框中指定汇总函数，如求和、平均值、计数、最大值等，此例选择"求和"。
- 在"选定汇总项"框中选定汇总函数进行汇总的字段项，此例选择"销售金额"字段。

STEP 4 单击"确定"按钮，分类汇总表的结果如图 5-73 所示。

图 5-71 月度销售表

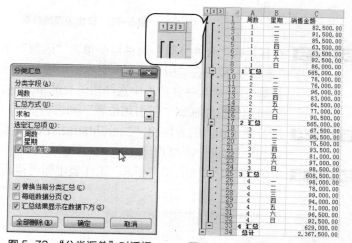

图 5-72 "分类汇总"对话框

图 5-73 各周销售金额求和结果

STEP 5 分级显示汇总数据。

在分类汇总表的左侧可以看到分级显示的"123"三个按钮标志。"1"代表总计，"2"代表分类合计，"3"代表明细数据。

- 单击按钮"1"将显示全部数据的汇总结果，不显示具体数据。
- 单击按钮"2"将显示总的汇总结果和分类汇总结果，不显示具体数据。
- 单击按钮"3"将显示全部汇总结果和明细数据。
- 单击"+"和"-"按钮可以打开或折叠某些数据。

分级显示也可以通过在"数据"→"分级显示"选项组中单击"显示明细数据"按钮，如图 5-74 所示。

图 5-74 "显示明细数据"子菜单

5.3.4 合并计算

"合并计算"功能是将多个区域中的值合并到一个新区域中，利用此功能可以为数据计算提供很大便利。

（1）合并求和计算

STEP 1 工作表中包含 3 张工作表，其中两张分别为分店的销售统计数据，另外一张显示总销售情况的工作表，各表原始数据如图 5-75 所示，合并计算时在总销售情况的工作表中选中合并计算后数据存放的起始单元格。

STEP 2 在"数据"→"数据工具"选项组中单击"合并计算"按钮，打开"合并计算"对话框，对话框如图 5-76 所示。

（a）

（b）

（c）

图 5-75 销售表原始数据

STEP 3 在打开的"合并计算"对话框中单击"函数"下拉列表框，在弹出的列表中选择"求和"，接着在"引用位置"文本框中输入"一分店!$B$2:$D$5"，或单击折叠按钮后切换至一分店表中选择需汇总的单元格，接着单击"添加"按钮，将输入的引用位置添加到"所引用位置"列表。

STEP 4 接着使用相同的方法将"二分店!$B$2:$D$5"添加到"所引用位置"列表中，添加完毕后如图 5-77 所示。

STEP 5 单击"确定"按钮，在"汇总"工作表中即可得到合并求和计算的结果，如图 5-77 所示。

图 5-76 "合并计算"对话框

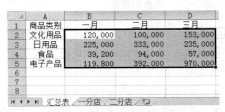

图 5-77 合并求和计算结果

（2）合并求平均值计算

STEP 1 在"汇总"工作表中选中存放合并计算结果的单元格区域 B3:D6，单击"数据"标签，在"数据工具"选项组中单击"合并计算"命令。

STEP 2 在打开的"合并计算"对话框中单击"函数"下拉列表框，在弹出的列表中选择"平均值"，接着在"引用位置"文本框中输入"一分店!$B$2:$D$5"，接着单击"添加"按钮，将输入的引用位置添加到"所引用位置"列表中，如图 5-78 所示。

STEP 3 接着使用相同的方法将"二分店!$B$2:$D$5"添加到"所引用位置"列表中。

STEP 4 单击"确定"按钮，在"汇总"工作表中即可得到合并求平均值的结果，如图 5-79 所示。

图 5-78 "合并计算"对话框

图 5-79 合并平均值计算结果

5.3.5 数据分列

Excel中分列是对某一数据按一定的规则分成两列以上。分列时，选择要进行分列的数据列或区域，再从数据菜单中选择分列，分列有向导，按照向导进行即可。关键是分列的规则，可采用固定列宽，但一般应视情况选择某些特定的符号，如空格、逗号、分号等。

（1）使用分隔符对单元格数据分列

STEP 1 选中需要分列的单元格所在的单元格区域（本例中选中的单元格数据中的"省"和"市"之间都有一个空格），如图5-80所示。单击"数据"选项卡，在"数据工具"选项组中单击"分列"按钮，如图5-81所示。

图5-80 选择数据

STEP 2 在弹出的"文本分列向导–第1步，共3步"对话框中，选中"分隔符"单选项，如图5-82所示。接着单击"下一步"按钮，在"文本分列向导–第2步，共3步"对话框中的"分隔符号"栏中选中"空格"复选框，在下面的"数据预览"栏中可以看到分隔后的效果，如图5-83所示。

图5-81 单击"分列"按钮

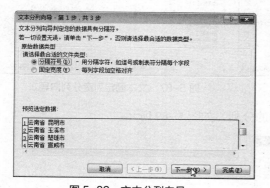

图5-82 文本分列向导一

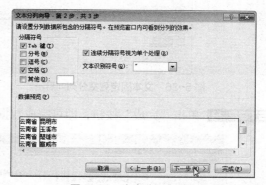

图5-83 文本分列向导二

STEP 3 单击"下一步"按钮，在"文本分列向导–第3步，共3步"对话框中的"列数据格式"栏中根据需要选择一种数据格式，如"文本"，如图5-84所示。

STEP 4 单击"完成"按钮，即可完成数据的分列，如图5-85所示。

图5-84 文本分列向导

图5-85 分列结果

（2）设置固定宽度对单元格数据分列

对于没有加分隔符的文本，如果文本中需要分隔的字符长度固定，则可采用固定宽度的方法进行分列，步骤如下。

STEP 1 选中需要分列的单元格户单元格区域（本例中选中的单元格数据中的"省"和"市"之间没有空格），在"数据"→"数据工具"选项组中单击"分列"按钮。

STEP 2 在弹出的"文本分列向导-第1步，共3步"对话框中，选中"固定宽度"单选项，接着单击"下一步"按钮，如图5-86所示。

STEP 3 在"文本分列向导-第2步，共3步"对话框中的"数据预览"栏中需要分列的位置单击鼠标左键，接着会显示出一个分列线，分列线所在的位置就是分列的位置，用鼠标左键单击分列线并拖动至"云南省"后释放，如图5-87所示。单击"下一步"按钮，在"文本分列向导-第3步，共3步"对话框中的"列数据格式"栏中根据需要选择一种数据格式，如"文本"，如图5-88所示。

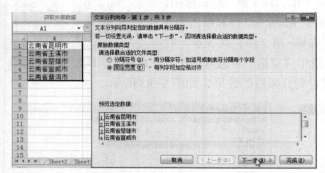

图5-86 文本固定列宽分列向导一

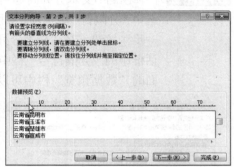

图5-87 文本固定列宽分列向导二

STEP 4 单击"完成"按钮，即可完成数据的分列，如图5-89所示。

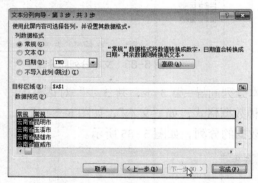

图5-88 文本固定列宽分列向导三

图5-89 文本固定列宽分列结果

5.3.6 课后加油站

1. 考试重点分析

本章的数据处理涉及数据的排序、筛选、分类汇总、合并计算及数据分列等。本章操作一般用于较大型数据表的处理。

2. 过关练习

练习1：在"学生成绩表"中，按总分进行降序排序。

练习2：在"学生成绩表"中，体育分数按降序排列，英语分数相同的再将高等数学分数降序排列，如果体育和英语分数都相同，再按高等数学分数降序排列。

练习3：在"学生成绩表"中，筛选英语分数大于85的学生。

练习 4：在"学生成绩表"中，筛选出英语分数大于 85 或者体育大于等于 75 的学生。

练习 5：对各分公司工资进行分类汇总并求出每个分公司中各部门工资的最大值。

5.4 公式、函数的使用

Excel 除了进行一般的表格处理工作外，数据计算是其主要功能之一。公式就是进行计算和分析的等式，它可以对数据进行加、减、乘、除等运算，也可以对文本进行比较等。

函数是 Excel 的预定义的内置公式，可以进行数学、文本、逻辑的运算或查找工作表的数据，与直接公式进行比较，使用函数的速度更快，同时减小出错的概率。

5.4.1 公式基础

1. 标准公式

单元格中只能输入常数和公式。公式以"＝"开头，后面是用运算符把常数、函数、单元格引用等连接起来成为有意义的表达式。在单元格中输入公式后，按回车键即可确认输入，这时显示在单元格中的将是公式计算的结果。函数是公式的重要成分。

标准公式的形式为"＝操作数和运算符"。

操作数为具体引用的单元格、区域名、区域、函数及常数。

运算符表示执行哪种运算，具体包括以下运算符。

① 算术运算符：( )、%、^、*、/、＋、－。

② 文本字符运算符：&（它将两个或多个文本连接为一个文本）。

③ 关系运算符：=、>、>=、<=、<、<>　（按照系统内部的设置比较两个值，并返回逻辑值"TRUE"或"FALSE"）。

④ 引用运算符：引用是对工作表的一个或多个单元格进行标识，以告诉公式在运算时应该引用的单元格。引用运算符包括：（区域）、（联合）、空格（交叉）。区域表示对包括两个引用在内的所有单元格进行引用；联合表示产生由两个引用合成的引用；交叉表示产生两个引用的交叉部分的引用。例如：A1:D4；B2:B6,E3:F5；B1:E4 C3:G5。

运算符的优先级：算术运算符 > 字符运算符 > 关系运算符。

2. 创建及更正公式

（1）创建和编辑公式

选定单元格，在其单元格中或其编辑栏中输入或修改公式，如图 5-90 所示，根据"销售统计表"中各员工的销售量，计算总销售量。操作：单击 C10 单元格，输入"=SUM（C2:C8）"，然后按回车键或单击编辑栏中的"√"按钮。

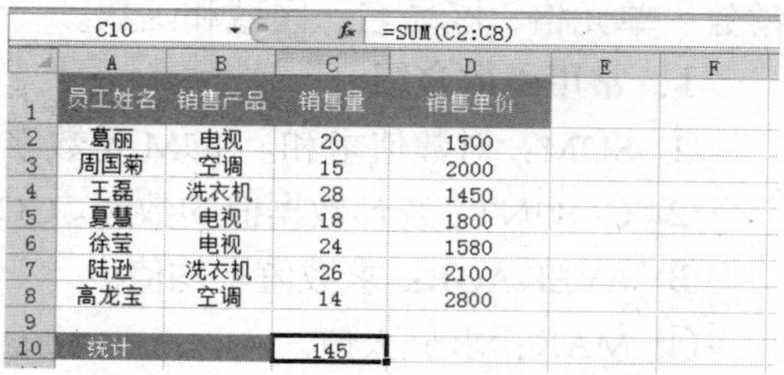

图 5-90　创建计算总销售量的公式

如果需要对公式进行修改，可以双击 C10 单元格，直接修改即可。

（2）更正公式

Excel 有几种不同的工具可以帮助查找和更正公式的问题。

① 监视窗口：在"公式"→"公式审核"选项单击"监视窗口"按钮，显示"监视窗口"工具栏，在该工具栏上观察单元格及其中的公式，甚至可以在看不到单元格的情况下进行。参见帮助。

② 公式错误检查：就像语法检查一样，Excel 用一定的规则检查公式中出现的问题。这些规则不保证电子表格不出现问题，但是对找出普通的错误会大有帮助。

问题可以有两种方式检查出来：一种是每次像拼写检查一样，另一种是立即显示在所操作的工作表中。当找出问题时会有一个三角显示在单元格的左上角█████，单击该单元格，在其旁边出现一个按钮◇，单击此按钮出现选项菜单如图 5-91 所示，第一项是发生错误的原因，可根据需要选择编辑修改、忽略错误、错误检查等操作来解决问题。

常出现的错误值包括以下几种。

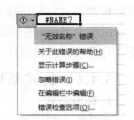

- #DIV/0!：被除数字为零。
- #N/A：数值对函数或公式不可用。
- #NAME?：不能识别公式中的文本。
- #NULL!：使用了并不相交的两个区域的交叉引用。
- #NUM!：公式或函数中使用了无效数字值。
- #REF!：无效的单元格引用。
- #VALUE!：使用了错误的参数或操作数类型。
- #####：列不够宽，或者使用了负的日期或负的时间。

图 5-91　错误及更正选项

（3）复制公式

对 Excel 函数公式可以像一般的单元格内容那样进行"复制"和"粘贴"操作。复制公式可以避免大量重复输入相同公式的操作，下面介绍利用填充柄复制公式，操作方法如下。

选定原公式单元格，将鼠标指针指向该单元格的右下角，鼠标指针会变为黑色的十字形填充柄。此外按住鼠标左键向下或向右等方向拖到需要填充的最后一个单元格就可以将公式复制到其他的单元格区域。

5.4.2　函数基础

函数是 Excel 的预定义的内置公式。在实际工作中，使用函数对数据进行计算比设计公式更为便捷。Excel 中自带了很多函数，函数按类别可分为：文本和数据、日期与时间、数学和三角、逻辑、财务、统计、查找和引用、数据库、外部、工程、信息。

函数的一般形式为"函数名（参数 1,参数 2,…）"，参数是函数要处理的数据，它可以是常数、单元格、区域名、区域和函数。

1．常用函数介绍

① SUM：对数值求和。SUM 是数字数据的默认函数。

② COUNT：统计数据值的数量。COUNT 是除了数字型数据以外其他数据的默认函数。

③ AVERAGE：求数值平均值。

④ MAX：求最大值。

⑤ MIN：求最小值。

⑥ PRODUCT：求数值的乘积。

⑦ AND：如果其所有参数为 TRUE，则返回 TRUE，否则返回 FALSE。

⑧ IF：指定要执行的逻辑检验。执行真假值判断，根据逻辑计算的真假值，返回不同结果。

⑨ NZ：对其参数的逻辑值求反。

⑩ OR：只要有一个参数为 TRUE，则返回 TRUE，否则返回 FALSE。

用户可以在公式中插入函数或者直接输入函数来进行数据处理。直接输入函数更为快捷，但必须记住该函数的用法。请通过帮助学习以上几个函数的用法。

2. 应用实例

利用 AVERAGE 函数计算图 5-92 所示的平均销售量。

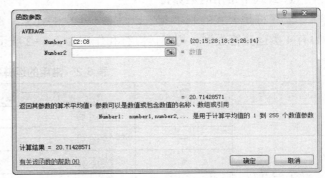

图 5-92　销售统计表

STEP 1　选中要插入函数的单元格，此例为 C10。

STEP 2　单击"公式"选项卡下的"插入函数"按钮 *fx*，打开其对话框，如图 5-93 所示。

STEP 3　从"选择函数"列表框中选择平均值函数 AVERAGE，单击"确定"按钮，打开"函数参数"对话框，如图 5-94 所示。

图 5-93　"插入函数"对话框

图 5-94　"函数参数"对话框

STEP 4　在"函数参数"框中已经有默认单元格区域"C2:C8"，如果该区域无误，单击"确定"按钮。如果该区域不对，单击折叠按钮，"函数参数"对话框被折叠，如图 5-95 所示，可以拖动鼠标重新选择单元格区域，再单击折叠按钮，展开"函数参数"对话框，最后单击"确定"按钮，计算结果如图 5-96 所示。

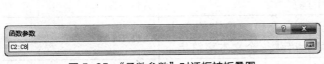

图 5-95　"函数参数"对话框被折叠图

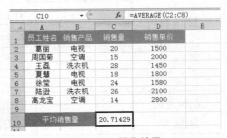

图 5-96　操作结果

3. 相对引用、绝对引用与混合引用

① 相对引用。公式中的相对单元格引用（例如 A1）是基于包含公式和单元格引用的单元格的相对位置。如果公式所在单元格的位置改变，引用也随之改变。如果多行或多列地复制公式，引用会自动调整。默认情况下，新公式使用相对引用。例如，在单元格 B2 中输入公式"=A1"，如果将单元格 B2 中的相对引用复制到单元格 B3，则单元格 B3 中的公式将自动从"=A1"调整到"=A2"。

② 绝对引用。绝对引用时需在引用单元的行、列编号前加上"$"，如$A$1，绝对引用

时总是在指定位置引用单元格。如果公式所在单元格的位置改变，绝对引用保持不变。如果多行或多列地复制公式，绝对引用将不作调整。默认情况下，新公式使用相对引用，需要将它们转换为绝对引用。例如，在单元格 B2 中输入公式"=$A$1"，如果将单元格 B2 中的相对引用复制到单元格 B3，则单元格 B3 中的公式将保持为"=$A$1"。

③ 混合引用。混合引用具有绝对列和相对行，或是绝对行和相对列。绝对引用列采用$A1、$B1 等形式。绝对引用行采用 A$1、B$1 等形式。如果公式所在单元格的位置改变，则相对引用改变，而绝对引用不变。如果多行或多列地复制公式，相对引用自动调整，而绝对引用不作调整。例如，在单元格 B2 中输入公式"=$A1"，如果将单元格 B2 中的相对引用复制到单元格 B3，则单元格 B3 中的公式将变为"=$A2"。

5.4.3 运算优先级

1. 公式中常用的运算符

运算符是公式的基本元素，是必不可少的元素，每一个运算符代表一种运算。在 Excel 中有 4 类运算符类型，每类运算符和作用如表 5-2 所示。

表 5-2 常用的运算符

运算符类型	运 算 符	作 用	示 例
算术运算符	+	加法运算	6+1 或 A1+B1
	−	减号运算	4-1 或 A1-B1 或-A1
	*	乘法运算	6*1 或 A1*B1
	/	除法运算	6/1 或 A1/B1
	%	百分比运算	80%
	^	乘幂运算	6^3
比较运算符	=	等于运算	A1=B1
	>	大于运算	A1>B1
	<	小于运算	A1<B1
	>=	大于或等于运算	A1>=B1
	<=	小于或等于运算	A1<=B1
	<>	不等于运算	A1<>B1
文本连接运算符	&	用于连接多个单元格中的文本字符串，产生一个文本字符串	A1&B1
引用运算符	:（冒号）	特定区域引用运算	A1:D8
	,（逗号）	联合多个特定区域引用运算	SUM（A1:B8,C5:D8）
	（空格）	交叉运算，即对 2 个共引用区域中共有的单元格进行运算	A1:B8 B1:D8

2. 运算符的优先级顺序

公式中拥有众多运算符，而它们的运算优先顺序也各不相同，正是因为这样它们才能默契合作实现各类复杂的运算。关于具体的运算符的优先顺序如表 5-3 所示。

表 5-3 运算符的优先级顺序

优先顺序	运 算 符	说 明
1	：（冒号） （空格） ，（逗号）	引用运算符
2	–	作为负号使用（如：–8）
3	%	百分比运算
4	^	乘幂运算
5	*和/	乘和除运算
6	+和–	加和减运算
7	&	连接两个文本字符串
8	=、<、>、<=、>=、<>	比较运算符

5.4.4 名称定义与使用

1. 按规则定义名称

在定义单元格、数值、公式等名称时，定义的名称不能是任意字符，必须要遵循以下规则。

① 名称的第一个字符必须是字母、汉字或下画线，其他字符可以是字母、汉字、句号和下划线。

② 名称不能与单元格名称相同。

③ 引用名称时，不能用空格符来分隔名称，可以使用 "."。

④ 名称长度不能超过 255 个字符，字母不区分大小写。

⑤ 同一个工作簿中定义的名称不能相同。

2. 创建名称

在 Excel 2010 中创建名称非常方便，可以通过下面 3 种方法实现。

① 在公式栏的左侧就是名称框，在工作表中选择要命名的区域，然后单击名称框并输入一个名称，按回车键创建该名称。

② 选择要命名的区域，然后在 "公式" → "定义名称" 选项组中单击 "定义名称" 按钮，打开 "新建名称" 对话框，设置名称、可用范围及说明信息，最后单击 "确定" 按钮。

③ 选择要命名的区域，必须包含要作为名称的单元格，然后在 "公式" → "定义名称" 选项组中单击 "根据所选内容创建" 按钮，在打开的对话框中单击 "确定" 按钮即可。

5.4.5 常用函数的应用实例

Excel 2010 中提供的函数类型非常多，利用不同的函数可以实现不同的功能，下面介绍一些常见函数的使用。

1. 根据销售数量与单价计算总销售额

◉实例描述：表格中统计了各产品的销售数量与单价。

◉达到目的：要求用一个公式计算出所有产品的总销售金额。

选中 B8 单元格，在公式编辑栏中输入公式：

=SUM(B2:B6*C2:C6)

按【Ctrl+Shift+Enter】组合键得出结果，如图 5-97 所示。

2. 用通配符对某一类数据求和

⊙实例描述：表格中统计了各服装（包括男女服装）的销售金额。

⊙达到目的：要求统计出女装的合计金额。

选中 E2 单元格，在公式编辑栏中输入公式：

=SUMIF(B2:B13,"*女",C2:C9)

按【Enter】键得出结果，如图 5-98 所示。

B8 {=SUM(B2:B6*C2:C6)}

产品名称	销售数量	单价
登山鞋	22	225
攀岩鞋	16	168
沙滩鞋	26	216
溯溪鞋	18	186
徒步鞋	19	199
总销售金额	20383	

图 5-97 计算结果

E2 =SUMIF(B2:B13,"*女",C2:C9)

序号	名称	金额		女装合计金额
1	泡泡袖长袖T恤 女	1061		9828
2	男装新款体恤 男	1169		
3	新款纯棉男士短袖T恤 男	1080		
4	修身简约V领t恤上衣 女	1299		
5	日韩版打底衫T恤 男	1388		
6	大码修身V领字母长袖T恤 女	1180		
7	韩版拼接假两件包臀打底裤 女	1180		
8	加厚抓绒韩版卫裤 男	1176		
9	韩版条纹圆领长袖T恤修身 女	1849		
10	卡通创意个性t恤 男	1280		
11	女长袖冬豹纹泡泡袖t恤 女	1560		
12	韩版抓收脚休闲长裤 女	1699		

图 5-98 计算结果

3. 根据业务处理量判断员工业务水平

⊙实例描述：表格中记录了各业务员的业务处理量。

⊙达到目的：通过设置公式根据业务处理量来自动判断员工业务水平。具体要求：

- 当两项业务处理量都大于 20 时，返回结果为“好”；
- 当某一项业务量大于 30 时，返回结果为“好”；
- 否则返回结果为“一般”。

① 选中 D2 单元格，在公式编辑栏中输入公式：

=IF(OR(AND(B2>20, C2>20), (C2>30)),"好","一般")

按【Enter】键得出结果。

② 选中 D2 单元格，拖动右下角的填充柄向下复制公式，即可根据 B 列与 C 列中的数量批量判断业务水平，如图 5-99 所示。

4. 统计数据表中前 5 名的平均值

⊙实例描述：表格中统计了学生成绩。

⊙达到目的：要求计算成绩表中前 5 名的平均值。

选中 E2 单元格，在公式编辑栏中输入公式：

=AVERAGE(LARGE(C2:C12,{1,2,3,4,5}))

按【Enter】键即可统计出 C2:C12 单元格区域中排名前 5 位数据的平均值，如图 5-100 所示。

5. 判断应收账款是否到期

⊙实例描述：数据表中记录了各项账款的金额、已收金额、还款日期。

⊙达到目的：要求根据到期日期判断各项应收账款是否到期，如果到期（约定超过还款日期 90 天为到期）返回未还的金额，如果未到期返回“未到期”文字。

① 选中 E2 单元格，在公式编辑栏中输入公式：

=IF(TODAY()-D2>90,B2-C2,"未到期")

姓名	电话处理量	邮件处理量	业务水平
郑立媛	12	22	一般
艾羽	22	21	好
章晔	7	31	好
钟文	22	45	好
朱安婷	15	16	一般
钟武	12	35	好
梅香菱	16	22	一般
李霞	22	17	一般
苏海涛	15	32	好

图 5-99　计算结果

E2　=AVERAGE(LARGE(C2:C12,{1,2,3,4,5}))

班级	姓名	成绩		前5名平均分
1	宋燕玲	85		128
2	郑芸	120		
1	黄嘉俐	95		
2	区菲娅	112		
1	江小丽	145		
1	麦子聪	132		
2	叶雯静	80		
2	钟琛	77		
1	陆穗平	121		
2	李霞	105		
1	周成	122		

图 5-100　计算结果

按【Enter】键得出结果。

② 选中 E2 单元格，拖动右下角的填充柄向下复制公式，即可批量得出如图 5-101 的结果。

E2　=IF(TODAY()-D2>90,B2-C2,"未到期")

发票号码	应收金额	已收金额	还款日期	是否到期
12023	20850.00	5000.00	2012/2/12	15850
12584	5000.00	0.00	2012/10/11	5000
20596	15600.00	5600.00	2012/10/15	10000
23562	120000.00	5000.00	2013/2/22	未到期
63001	15000.00	0.00	2013/3/25	未到期

图 5-101　计算结果

6. 分性别判断成绩是否合格

⊙实例描述：表格中记录了学生的跑步用时，性别不同，其对合格成绩的要求也不同。

⊙达到目的：通过设置公式实现根据性别与跑步用于返回"合格"或"不合格"。具体要求如下：

- 当性别为"男"时，用时小于 30 时，返回结果为"合格"；
- 当性别为"女"时，用时小于 32 时，返回结果为"合格"；
- 否则返回结果为"不合格"。

① 选中 D2 单元格，在公式编辑栏中输入公式：

=IF(OR(AND(B2="男",C2<30),AND(B2="女",C2<32)),"合格","不合格")

按【Enter】键得出结果。

② 选中 D2 单元格，拖动右下角的填充柄向下复制公式，即可根据 C 列中的数据批量判断每位学生的跑步成绩是否合格，如图 5-102 所示。

D2　=IF(OR(AND(B2="男",C2<30),AND(B2="女",C2<32)),"合格","不合格")

姓名	性别	200米用时(秒)	是否合格
郑立媛	女	30	合格
钟杨	男	27	合格
艾羽	女	33	不合格
章晔	男	28	合格
钟文	男	30	不合格
朱安婷	女	31	合格
钟武	男	26	合格
梅香菱	女	30	合格
李霞	女	29	合格
苏海涛	男	31	不合格

图 5-102　计算结果

5.4.6　课后加油站

1.考试重点分析

本章主要讲解 Excel 中公式与函数的相关知识，主要包括编辑公式、数据源的相对引用与绝对引用、名称定义、函数的基本使用及 IF、SUM、AVERAGE 等常用函数的使用等。

2.过关练习

练习1：将学生成绩从大到小排列。

练习2：计算今天星期几。

练习3：分性别判断成绩是否合格，合格的条件为男生时间小于 30s，女生时间小于 32s。

5.5　数据透视表（图）的使用

5.5.1　数据透视表概述与组成元素

1.数据透视表概述

数据透视表是一种交互的、交叉制表的 Excel 报表，用于对多种来源的数据进行汇总和分析。

数据透视表有机地综合了数据排序、筛选、分类汇总等数据分析的优点，可方便地调整分类汇总的方式，灵活地以多种不同方式展示数据的特征。建立数据表之后，通过鼠标拖动来调节字段的位置可以快速获取不同的统计结果，即表格具有动态性。

对于数量众多、以流水账形式记录、结构复杂的工作表，为了将其中的一些内在规律显现出来，可将工作表重新组合并添加算法，即可以建立数据透视表。数据透视表是专门针对以下用途设计的。

- 以多种方式查询大量数据。
- 按分类和子分类对数据进行汇总，创建自定义计算和公式。
- 展开或折叠要关注结果的数据级别，查看感兴趣区域汇总数据的明细。
- 将行移动到列或将列移动到行（或"透视"），以查看源数据的不同汇总。
- 对最有用和最关注的数据子集进行筛选、排序、分组和有条件地设置格式，以获取所需要的数据。

2.数据透视表组成元素

- 页字段：页字段用于筛选整个数据透视表，是数据透视表中指定为页方向的源数据列表中的字段。
- 行字段：行字段是在数据透视表中指定为行方向的源数据列表中的字段。
- 列字段：列字段是在数据透视表中指定为列方向的源数据列表中的字段。
- 数据字段：数据字段提供要汇总的数据值。常用数字字段，可用求和函数、平均值等函数合并数据。

5.5.2　数据透视表的新建

利用数据透视表可以进一步分析数据，可以得到更为复杂的结果，创建数据透视表的操作如下。

STEP 1　打开数据表，选中数据表中任意单元格。单击"插入"→"表格"选项组中"数据透视表"下拉按钮，选择"数据透视表"命令，如图 5-103 所示。

STEP 2 打开"创建数据透视表"对话框，在"选择一个表或区域"框中显示了当前要建立为数据透视表的数据源（默认情况下将整张数据表作为建立数据透视表的数据源），如图 5-104 所示。

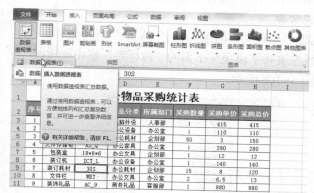

图 5-103 "数据透视表"下拉菜单　　　　　图 5-104 "创建数据透视表"对话框

STEP 3 单击"确定"按钮即可新建一张工作表，该工作表即为数据透视表，如图 5-105 所示。

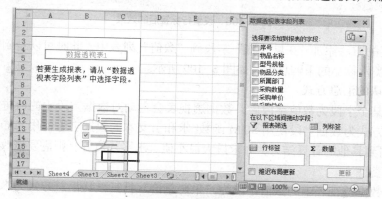

图 5-105 创建数据透视表后结果

5.5.3 数据透视表的编辑

1. 更改数据源

在创建了数据透视表后，如果需要重新更改数据源，不需要重新建立数据透视表，可以直接在当前数据透视表中重新更改数据源即可。

STEP 1 选中当前数据透视表，切换到"数据透视表工具"→"选项"菜单下，单击"更改数据源"按钮，从下拉菜单中单击"更改数据源"命令，如图 5-106 所示。

STEP 2 打开"更改数据透视表数据源"对话框，单击"选择一个表或区域"右侧的  按钮回到工作表中重新选择数据源即可，如图 5-107 所示。

图 5-106 单击"更改数据源"命令　　　　图 5-107 "更改数据透视表数据源"对话框

2. 添加字段

默认建立的数据透视表只是一个框架，要得到相应的分析数据，则要根据实际需要合理地设置字段。不同的字段布局其统计结果各不相同，因此首先我们要学会如何根据统计目的设置字段。下面统计不同类别物品的采购总金额。

① 建立数据透视表并选中后，窗口右侧可出现"数据透视表字段列表"任务窗口。在字段列表中选中"物品分类"字段，按住鼠标左键将字段拖至下面的"行标签"框中释放鼠标，即可设置"物品分类"字段为行标签，如图 5-108 所示。

图 5-108　设置行标签后的效果

② 按相同的方法添加"采购总额"字段到"数值"列表中，此时可以看到数据透视表中统计出了不同类别物品的采购总价，如图 5-109 所示。

3. 更改默认的汇总方式

当设置了某个字段为数值字段后，数据透视表会自动对数据字段中的值进行合并计算。其默认的计算方式为数据字段使用 SUM 函数(求和)，文本的数据字段使用 COUNT 函数(求和)。如果想得到其他的计算结果，如求最大最小值、求平均值等，则需要修改对数值字段中值的合并计算类型。

例如当前数据透视表中的数值字段为"采购总价"且其默认汇总方式为求和，现在要将数值字段的汇总方式更改为求最大值，具体操作步骤如下。

STEP 1 在"数值"列表框中选中要更改其汇总方式的字段，打开下拉菜单，选择"值字段设置"命令，如图 5-110 所示。

图 5-109　添加数值后的效果

STEP 2 打开"值字段设置"对话框。选择"汇总方式"标签，在列表中可以选择汇总方式，如此处选择"最大值"，如图 5-111 所示。

STEP 3 单击"确定"按钮即可更改默认的求和汇总方式为求最大值，如图 5-112 所示。

图 5-110　选择"值字段设置"命令

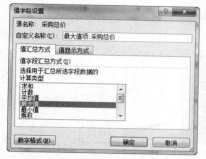

图 5-111　"值字段设置"对话框

图 5-112　更改汇总方式后的效果

5.5.4　课后加油站

1. 考试重点分析

考生必须要掌握数据透视表的创建、编辑等设置，从而提高考生的数据分析能力。

2. 过关练习

练习1：根据销售清单将"电脑品牌"作为行字段，"销售地"作为列字段，"销售金额"作为数据项，制作图 5-113 所示的数据透视表。

图 5-113　数据透视表

练习2：移动练习 1 中建立的数据透视表。

练习3：刷新练习 1 中建立的数据透视表。

练习4：删除练习1中建立的数据透视表。

5.6 图表的使用

5.6.1 图表结构及其分类

1.图表结构

Excel 中的图表有两种：一种是嵌入式图表，它和创建图表的数据源放置在同一张工作表中；另一种是独立图表，它是一张独立的图表工作表。

Excel 为用户建立直观的图表提供了大量的预定义模型，每一种图表类型又有若干种子类型。此外，用户还可以自己定制格式。

图表的组成如图 5-114 所示。

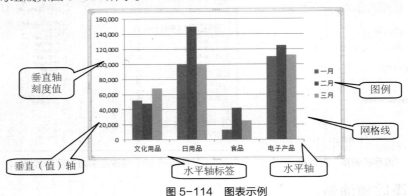

图 5-114 图表示例

① 图表区：整个图表及包含的所有对象。

② 图表标题：图表的标题。

③ 数据系列：在图表中绘制的相关数据点，这些数据源自数据表的行或列。每个数据系列具有唯一的颜色或图案并且在图表的图例中表示。可以在图表中绘制一个或多个数据系列。饼图只有一个数据系列。

④ 坐标轴：绘图区边缘的直线，为图表提供计量和比较的参考模型。分类轴（X 轴）和数值轴（Y 轴）组成了图表的边界并包含相对于绘制数据的比例尺，Z 轴用于三维图表的第三坐标轴。饼图没有坐标轴。

⑤ 网格线：从坐标轴刻度线延伸开来并贯穿整个绘图区的可选线条系列。网格线使用户查看和比较图表的数据更为方便。

⑥ 图例：用于标记不同数据系列的符号、图案和颜色，每一个数据系列的名字作为图例的标题，可以把图例移到图表中的任何位置。

2.常用图表类型与应用

对于初学者而言，如何根据当前数据源选择一个合适的图表类型是一个难点。不同的图表类型其表达重点有所不同，因此我们首先要了解各类型图表的应用范围，学会根据当前数据源和分析目的选用最合适的图表类型。

（1）柱形图

柱形图显示一段时间内数据的变化，或者显示不同项目之间的对比。柱形图是最常用的图表之一，其类型如表 5-4 所示。

表 5-4　柱形图类型

簇状柱形图	用于比较类别间的值	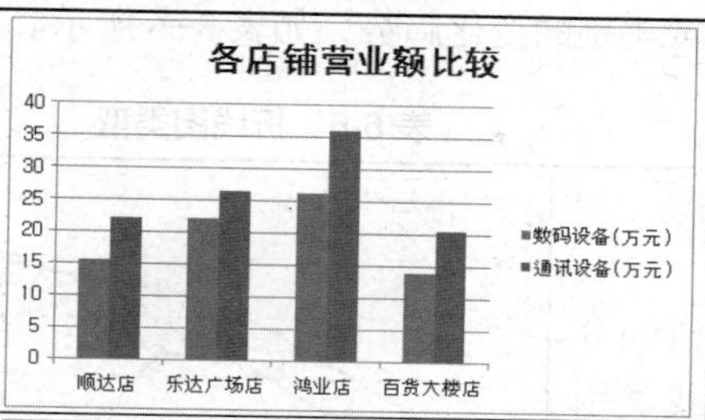	从图表中可直观比较各店铺中两种不同设备的营业额多少
堆积柱形图	显示各个项目与整体之间的关系，从而比较各类别的值在总和中的分布情况	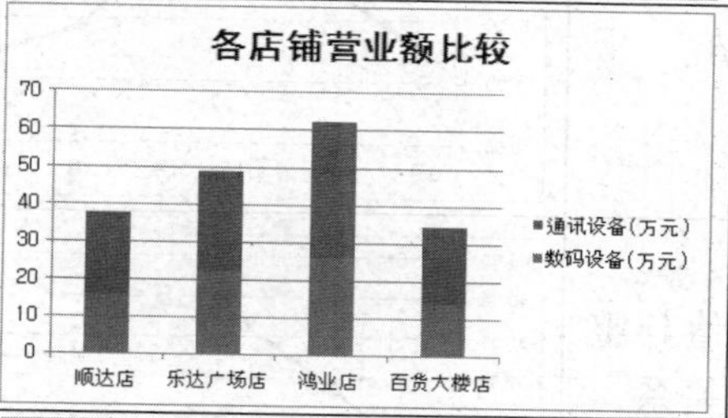	从图表中可以直观看出哪个店铺的营业额最高，哪个店铺营业额最低
百分比堆积柱形图	以百分比形式比较各类别的值在总和中的分布情况	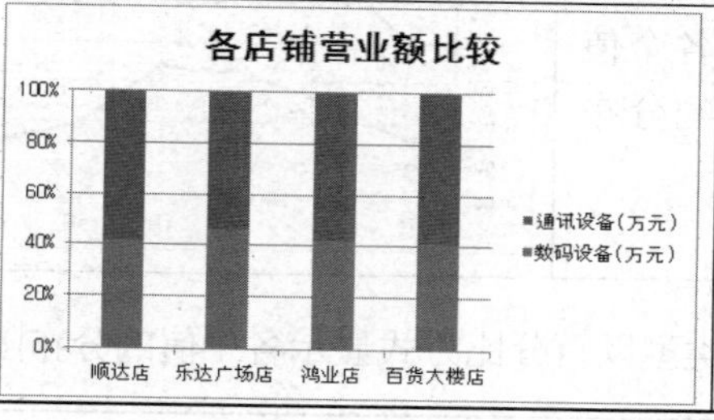	垂直轴的刻度显示的为百分比而非数值，因此图表显示了各个分类营业额占总营业额的百分比

（2）条形图

条形图是显示各个项目之间的对比，主要用于表现各项目之间的数据差额。它可以看成是顺时针旋转 90 度的柱形图，因此条形图的子图表类型与柱形图基本一致，各种子图表类型的用法与用途也基本相同。如表 5-5 所示。

表 5-5　条形图类型

簇状条形图	用于比较类别间的值	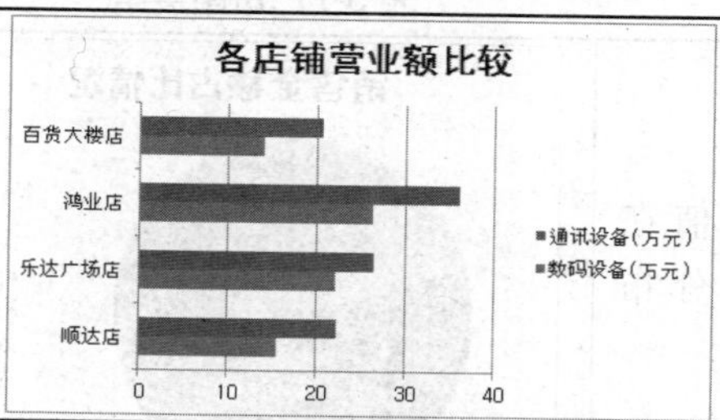	垂直方向表示类别（如不同店铺），水平方向表示各类别的值（销售额）
堆积条形图	显示各个项目与整体之间的关系，从而比较各类别的值在总和中的分布情况	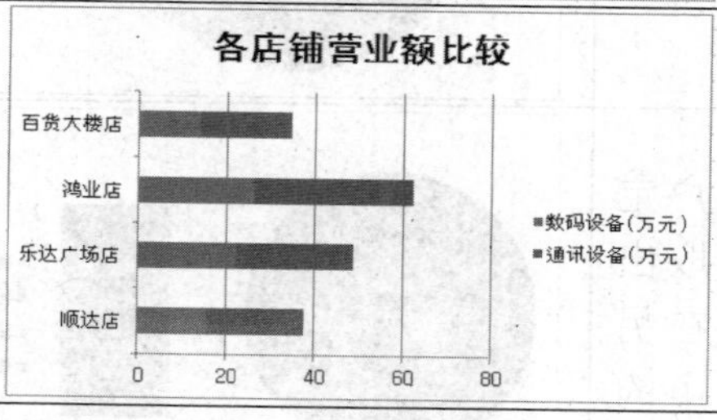	从图表中可以直观看出哪个店铺的营业额最高，哪个店铺营业额最低
百分比堆积条形图	以百分比形式比较各类别的值在总和中的分布情况		

（3）折线图

折线图显示随时间或类别的变化趋势，如表 5-6 所示。

表 5-6　折线图类型

折线图	显示各个值的分布随时间或类别的变化趋势	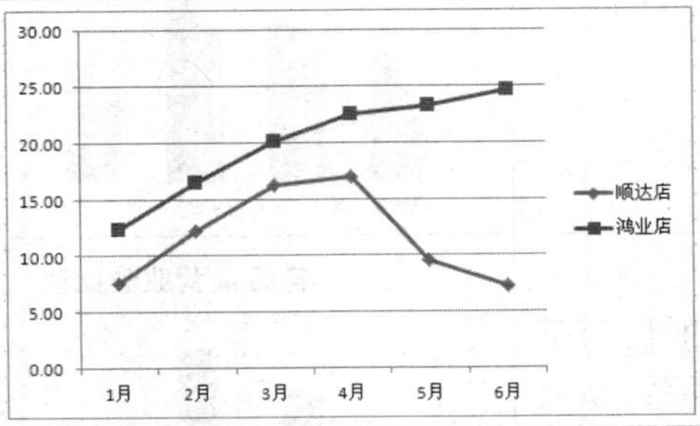	各分类营业额在上半年的变化趋势，如"鸿业店"呈上升趋势，"顺达店"呈先上升再下降趋势
堆积折线图	显示各个值与整体之间的关系，从而比较各个值在总和中的分布情况	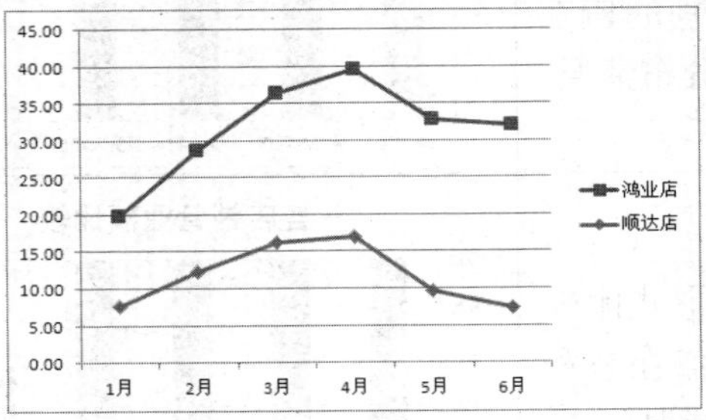	通过最上面一条折线可以看出 1月~6 月中总营业额呈先上升后下降的趋势
百分比堆积折线图	这种图表类型以百分比方式显示各个值的分布随时间或类别的变化趋势		

（4）饼图

饼图显示组成数据系列的项目在项目总和中所占的比例。饼图通常只显示一个数据系列（建立饼图时，如果有几个系列同时被选中，那么图表只绘制其中一个系列）。饼图有饼图与复合饼图两种类别。如表 5-7 所示。

表 5-7　饼图类型

| 饼图 | 显示各个值在总和中的分布情况 | 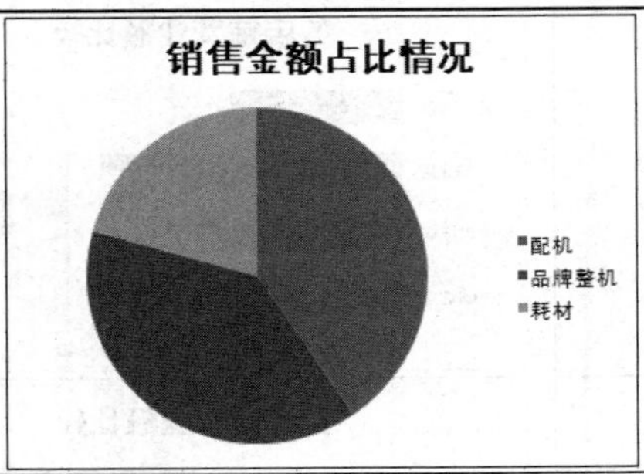 | 直观看到各分类销售金额占比情况 |
| 复合饼图 | 一种将用户定义的值提取出来并显示在另一个饼图中的饼图 | 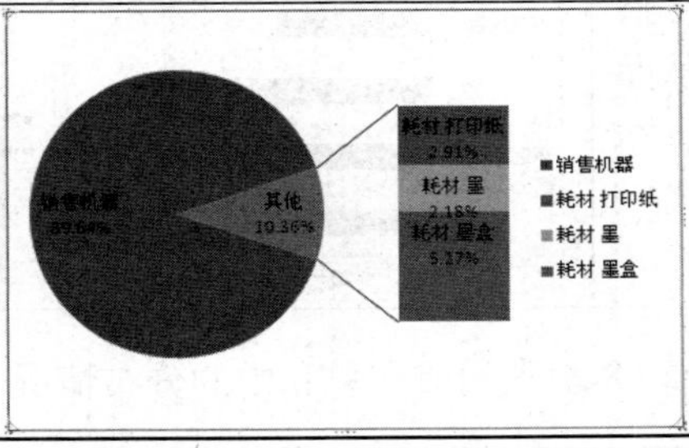 | 第一个饼图为"销售机器"与"耗材"两个分类各占比例，而"耗材"又分为三个类，第二个饼图是对"耗材"中的各类别进行比例分析 |

除了上面介绍的几种图表类型外，还有 XY（散点图）、股价图、气泡图、曲面图几种图表类型。这几种图表类型一般用于专用数据的分析，如股价数据、工程数据、数学数据等。

5.6.2 图表的新建

创建图表的一般步骤是：先选定创建图表的数据区域。选定的数据区域可以连续，也可以不连续。注意，如果选定的区域不连续，每个区域所在的行或所在列有相同的矩形区域；如果选定的区域有文字，文字应在区域的最左列或最上行，以说明图表中数据的含义。以图 5-115 为例，建立图表的具体操作如下。

STEP 1 选定要创建图表的数据区域，此例中选择 A1:D7，暂不选择“计算机基础”课程。

STEP 2 单击“插入”→“图表”选项组右下角的 按钮，打开“插入图表”对话框，在对话框中选择要创建图表类型，如图 5-116 所示，或直接在“图表”选项组中直接选择图表类型。

	A	B	C	D	E
1	姓名	英语	体育	高等数学	计算机基础
2	张跃平	87	85	78	81
3	李丽	90	82	78	84
4	邹艳珍	62	87	75	65
5	陈慧君	76	81	56	87
6	文艳芳	82	67	65	72
7	文蔚	83	65	84	52

图 5-115 学生成绩表

图 5-116 “插入图表”对话框

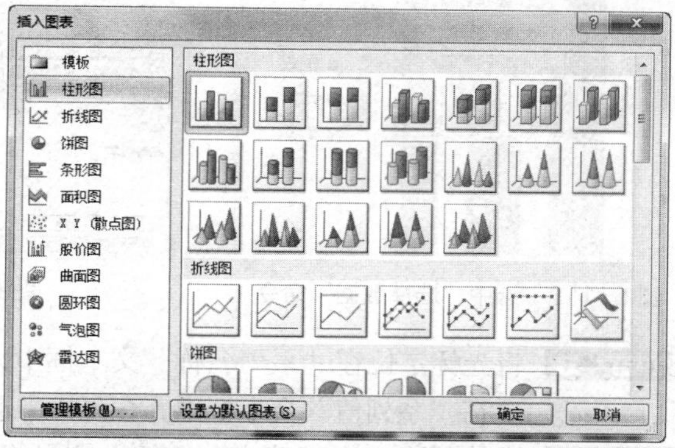

STEP 3 选择一种柱形图样式，如“三维簇状柱形图”，设置完成后，单击“确定”按钮即可，如图 5-117 所示。

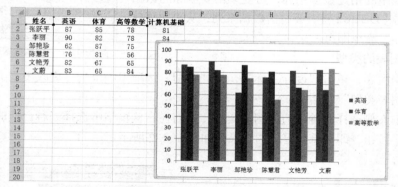

图 5-117 创建后的效果

5.6.3 图表中数据的编辑

编辑图表是指对图表及图表中各个对象的编辑，包括数据的增加、删除，图表类型的更改，图表的缩放、移动、复制、删除，数据格式化等。

一般情况下，先选中图表，再对图表进行具体的编辑。当选中图表时，“数据”菜单自动变为“图表”菜单，而且“插入”菜单、“格式”菜单中的命令也自动做相应的变化。

1.编辑图表中的数据

（1）增加数据

要给图表增加数据系列，鼠标右键单击图表中任意位置，在弹出的右键菜单中选择"选择数据"命令，打开的"选择数据源"对话框，接着单击"添加"按钮。

打开"编辑数据系列"对话框，在对话框中设置需要添加的系列名称和系列值。

例：增加"计算机基础"数据系列。

STEP 1 鼠标右键单击图表中任意位置，在弹出的右键菜单中选择"选择数据"命令，如图 5-118 所示，打开"选择数据源"对话框。

STEP 2 在"选择数据源"对话框中"图例项（系列）"列表中单击"添加"按钮，如图 5-119 所示，打开"编辑数据系列"对话框，如图 5-119 所示。

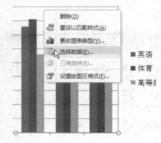

图 5-118 选中"选择数据"命令　　　　图 5-119 打开"编辑数据系列"对话框

STEP 3 将光标定位在"系列名称"文本框中，在表格中选中"E1"单元格，接着将光标定位在"系列值"文本框中，在表格中选中"E2:E7"单元格区域，如图 5-120 所示。

STEP 4 连续两次单击"确定"按钮，即可将 E2:E7 单元格区域中的数据添加到图表中，如图 5-121 所示。

（2）删除数据者

删除图表中的指定数据系列，可先单击要删除的数据系列，再单击【Delete】键，或右击数据系列，从快捷菜单中选择"清除"命令即可。

图 5-120 "编辑数据系列"对话框

2.更改图表的类型

单击选中图表，单击"设计"标签，在"类型"选项组中单击"更改图表类型"按钮，打开"更改图表类型"对话框。

在对话框左侧选择一种合适的图表类型，接着在右侧窗格中选择一种合适的图表样式，单击"确定"按钮，即可看到更后的结果，如图 5-122 所示。

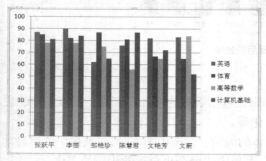

图 5-121 添加数据后的图表

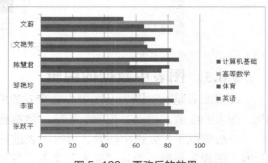

图 5-122 更改后的效果

3.设置图表格式

设置图表的格式是指对图表中各个对象进行文字、颜色、外观等格式的设置。

STEP 1　双击欲进行格式设置的图表对象，如双击图表区，打开"设置图表区格式"对话框，如图 5-123 所示。

STEP 2　指向图表对象，右键图标坐标轴单击，从快捷菜单中选择该图表对象格式设置命令，打开图表对象格式对话框，如图 5-124 所示。

图 5-123　"设置图表区格式"对话框

图 5-124　"设置坐标轴格式"对话框

5.6.4　课后加油站

1.考试重点分析

考生必须要掌握在 Excel 2010 的创建图表和编辑图表。

2.过关练习

练习1：利用鼠标选择图表各个对象。

练习2：调整图表大小。

练习3：移动图表。

练习4：删除图表。

5.7　表格页面设置与打印

工作表创建好后，可以按要求进行页面设置或设置打印数据的区域，然后再预览或打印出来。Excel 也具有默认的页面设置，因此可直接打印工作表。

5.7.1　设置"页面"

页面设置操作步骤如下。

STEP 1　在"页面布局"→"页面设置"选项组中单击右下角的 按钮，打开"页面设置"对话框，如图 5-125 所示。

STEP 2　设置"页面"选项卡。

● "方向"和"纸张大小"设置框：设置打印纸张方向与纸张大小。

- "缩放"框：用于放大或缩小打印的工作表，其中"缩放比例"可在 10%～400%之间选择。100%为正常大小，小于 100%为缩小；大于 100%为放大。"调整为"可把工作表拆分为指定页宽和指定页高打印，如指定 2 页宽，2 页高表示水平方向分 2 页，垂直方向分 2 页，共 4 页打印。
- "打印质量"框：设置每英寸打印的点数，数字越大，打印质量越好。

注意 不同打印机的数字会不一样。

- "起始页码"框：设置打印首页页码，默认为"自动"，从第一页或接上一页开始打印。

5.7.2 设置"页边距"

STEP 1 在"页面布局"→"页面设置"选项组中单击右下角的 按钮，打开"页面设置"对话框。如图 5-125 所示。单击"页边距"选项卡，进入"页边距"对话框中，如图 5-126 所示。

图 5-125 页面设置的"页面"对话框

图 5-126 页面设置的"页边距"对话框

STEP 2 设置打印数据距打印页四边的距离、页眉和页脚的距离及打印数据居中方式，默认为靠上靠左对齐。

5.7.3 设置"页眉页脚"

在"页面布局"→"页面设置"选项组中单击右下角的 按钮，打开"页面设置"对话框。单击"页眉/页脚"选项卡，进入"页眉/页脚"对话框中，如图 5-127 所示。

- "页眉"、"页脚"框：可从其下拉列表框中进行选择。
- "自定义页眉"、"自定义页脚"按钮：单击打开相应的对话框自行定义，如图 5-128 所示，在左、中、右框中输入指定页眉，用给出的按钮定义字体、插入页码、插入总页数、插入日期、插入时间、插入路径、插入文件名、插入标签名、插入图片、设置图片格式。
- 完成设置后，单击"确定"按钮即可。

设置页眉和页脚后，打印时将在每页上端打印页眉、下端打印页脚。

图 5-127 页面设置的"页眉/页脚"对话框

图 5-128 自定义"页眉"对话框

5.7.4 设置打印区域

打印区域是指不需要打印整个工作表时，打印一个或多个单元格区域。如果工作表包含打印区域，则只打印区域中的内容。

STEP 1 用鼠标拖动选定待打印的工作表区域。此例选择"计算机基础成绩单"工作表的 A2:F10 数据区域，如图 5-129 所示。

STEP 2 单击"页面布局"→"页面设置"选项组中"打印区域"下拉按钮，在下拉菜单中选择"设置打印区域"，设置好打印区域，如图 5-130 所示，打印区域边框为虚线。

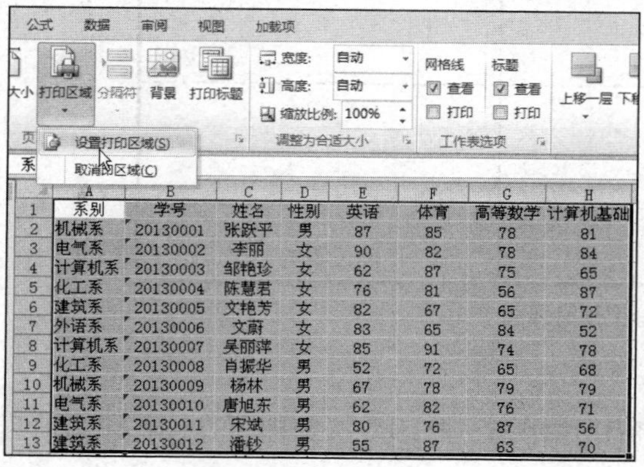

图 5-129 选定打印区域

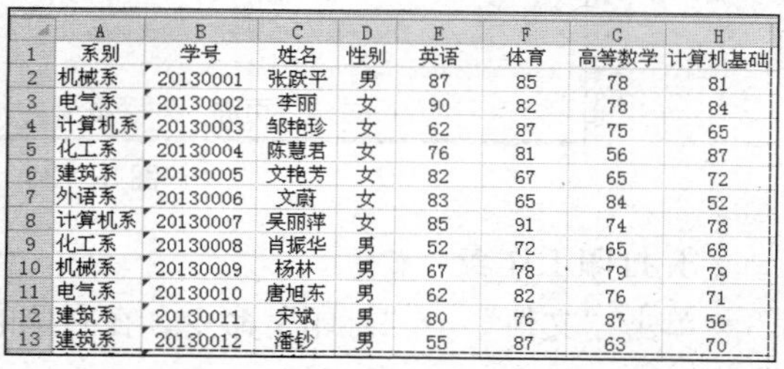

图 5-130 设置好的打印区域

注意 在保存文档时，会同时保存打印区域，再次打开时设置的打印区域仍然有效。如果要取消打印区域，可单击"页面布局"→"页面设置"选项组中单击"打印区域"按钮，在下拉菜单中选择"取消打印区域"。

5.7.5 分页预览与打印

分页是人工设置分页符，Excel 可以进行打印预览以模拟显示打印的设置结果，不满意可重新设置直至满意，再进行打印输出。

1.添加、删除分页符

一般系统对工作表进行自动分页，如果需要也可以进行人工分页。

插入水平或垂直分页符操作：在要插入水平或垂直分页符的位置下边或右边选中一行或一列，再单击"页面布局"→"分隔符"下拉按钮，在下拉菜单中选择"插入分页符"命令，分页处出现虚线，打印时将在此处换页。

如果选定一个单元格，再单击"页面布局"→"分隔符"下拉按钮，在下拉菜单中选择"插入分页符"命令，则会在该单元格的左上角位置同时出现水平和垂直两分页符，即两条分页虚线。

删除分页符操作：选择分页虚线的下一行或右一列的任何单元格，再单击"页面布局"→"分隔符"下拉按钮，在下拉菜单中选择"删除分页符"命令。若要取消所有的手动分页符，可选择整个工作表，再单击"页面布局"→"分隔符"按钮，在下拉菜单中选择"重置所有分页符"命令。

2.分页预览

单击"视图→分页预览"命令，可以在分页预览视图中直接查看工作表分页的情况，如图 5-131 所示，粗实线框区域为浅色是打印区域，每个框中有水印的页码显示，可以直接拖动粗线以改变打印区域的大小。在分页预览视图中同样可以设置、取消打印区域，插入、删除分页符。

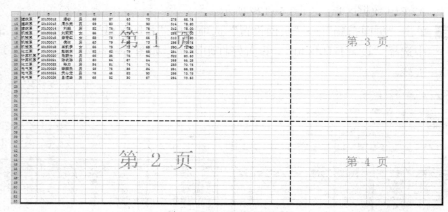

图 5-131　分页预览视图

3.打印工作表

单击"文件"→"打印"命令，在右侧的窗口中单击"打印"按钮即可直接打印当前工作表。

5.7.6　课后加油站

1.考试重点分析

考生必须要掌握需要打印输出的表格的页面设置方法与相关的打印设置。

2.过关练习与答案

练习 1：重新设置打印纸张。

练习 2：横向页面设置。

练习 3：打印指定的页。

练习 4：一次性打印多份文档。

5.8 保护数据和链接

5.8.1 保护工作表和工作簿

Microsoft Excel 中隐藏数据和使用密码保护工作表、工作簿的功能并不是为数据安全机制或保护 Excel 中的机密信息而设计的，您可使用这些功能隐藏可能干扰某些用户的数据或公式，从而使信息显示更为清晰，这些功能还有助于防止其他用户对数据进行不必要的更改。Excel 不会对工作簿中隐藏或锁定的数据进行加密，只要用户具有访问权限，并花费足够的时间，即可获取并修改工作簿中的所有数据。若要防止修改数据和保护机密信息，可将包含这些信息的所有 Excel 文件存储到只有授权用户才可访问的位置，并限制这些文件的访问权限。

1. 工作表保护

（1）设置允许用户进行的操作

为工作表设置允许用户进行的操作，可以有效保护工作表数据安全。需要时可以通过"保护工作表"功能来实现。

STEP 1 打开需要保护的工作表，在"审阅"→"更改"选项组中单击"保护工作表"按钮。

STEP 2 打开的"保护工作表"对话框。在打开的"保护工作表"对话框中选中"保护工作表及锁定的单元格内容"复选框。在"取消工作表保护时使用的密码"文本框中输入密码。在"允许此工作表的所有用户进行"列表框中选中允许用户进行的菜单前的复选框，单击"确定"按钮，如图 5-132 所示。

STEP 3 在弹出的"确认密码"对话框中重新输入一次密码。单击"确定"按钮，接着保存工作簿，即可完成设置，如图 5-133 所示。

（2）隐藏含有重要数据的工作表

STEP 1 除了可通过设置密码对工作表实行保护外，还可利用隐藏行列的方法将整张工作表隐藏起来，以达到保护的目的。例如隐藏含有重要数据的工作表。

STEP 2 切换到要隐藏的工作表中，单击"开始"选项卡，在"单元格"选项组中选择"格式"下拉按钮。在下拉菜单中选中"隐藏和取消隐藏"命令，在子菜单中选中"隐藏工作表"命令，图 5-134 即可实现工作表的隐藏。

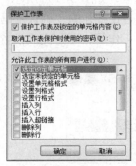
图 5-132 "保护工作表"对话框

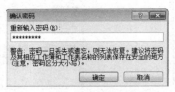
图 5-133 "确认密码"对话框

图 5-134 隐藏工作表

（3）保护公式不被更改

如果工作表中包含大量的重要公式，不希望这些公式被别人修改，可以对公式进行保护。可以通过下面步骤对公式进行保护。

STEP 1 按下【Ctrl+A】组合键，选中工作表中的所有单元格。切换到"开始"选项卡，在"单元格"选项组中单击"格式"下拉按钮，在下拉菜单中单击"锁定单元格"命令，取消锁定单元格，如图5-135所示。

STEP 2 在"编辑"选项组中单击"查找和选择"下拉按钮，在弹出的菜单中选择"公式"命令，选中工作表中所有的公式，如图5-136所示。

STEP 3 切换到"审阅"→"更改"选项组中单击"保护工作表"按钮，勾选"保护工作表及锁定的单元格内容"后单击"确定"。

STEP 4 切换到"开始"选项卡，在"单元格"选项组中单击"格式"下拉按钮，在下拉菜单中单击"锁定单元格"命令，锁定选中单元格，如图5-137所示。

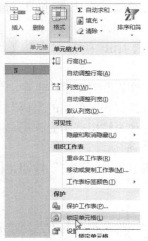
图5-135 解除单元格锁定

图5-136 查找所有公式

图5-137 锁定单元格

2. 工作簿保护

（1）保护工作簿不能被修改

如果不希望其他用户对整个工作表的结构和窗口进行修改，可以进行保护。此时可以通过如下方法进行保护。

STEP 1 在"审阅"→"更改"选项组中单击"保护工作簿"按钮。打开"保护结构和窗口"对话框，分别选中"结构"复选框和"窗口"复选框，如图5-138所示。

STEP 2 在"密码"文本框中输入密码。单击"确定"按钮，接着在打开的"确认密码"对话框中重新输入一遍密码，单击"确定"按钮。保存工作簿，即可完成设置，如图5-139所示。

图5-138 "保护结构和窗口"对话框

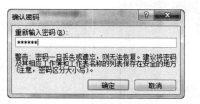
图5-139 "确认密码"对话框

（2）加密工作簿

如果工作簿中内容比较重要，不希望其他用户打开，可以给该工作簿设置一个打开权限密码，这样不知道密码的用户就无法打开工作簿了。此时可以通过如下方法进行操作。

STEP 1 打开需要设置打开权限密码的工作簿。单击"文件"选项卡，选中"另存为"标签。打开"另存为"对话框。单击左下角的"工具"按钮下拉菜单，在弹出的菜单中选择"常规选项"命令，如图 5-140 所示。

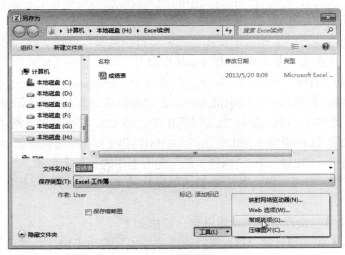

图 5-140 "另存为"对话框

STEP 2 打开"常规选项"对话框，在"常规选项"对话框中的"打开权限密码"文本框中输入密码，如图 5-141 所示。

STEP 3 单击"确定"按钮，在打开的"确认"密码对话框中再次输入密码，单击"确定"按钮，返回到"另存为"对话框。

STEP 4 设置文件的保存位置和文件名，单击"保存"按钮保存文件。以后再打开这个工作簿时，就会弹出一个"确认密码"文本框，只有输入正确的密码才能打开工作簿，如图 5-142 所示。

图 5-141 "常规选项"对话框

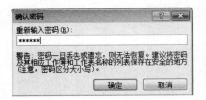

图 5-142 "确认密码"对话框

5.8.2 工作表的链接

在使用数据时，我们有时会需要使用到一个工作表中不同单元格或同一工作簿中不同工作表，以及不同工作簿中的数据，此时我们可以通过建立链接的方式将需要的数据链接到所创建的工作表中，从而使编制出来的表格更加简洁、方便、实用。在建立数据链接后，当链接中的源数据发生变化时，还可以更新所对应链接点中的数据。下面我们举例来说明如何设置这种链接。

1. 同一工作簿中工作表链接

以我们前面所使用到的"年度销售业绩表"为例，公司各销售部门建有各自的销售情况工作表，当需要对销售情况进行汇总时，需要查看所有销售部门的销售报表，当销售部门较多时工作量相当大。此例中共有 3 个销售部门，分别为销售 1 部、销售 2 部和销售 3 部，各销售部门数据使用同一工作簿中的 3 张工作表保存，其中汇总数据分别存储在 3 张工作表中的 J19、J14 和 J20 这 3 个单元格中，如果此时我们通过 Excel 中的数据链接功能，只需新建一个链接工作表（汇总表），将所有销售报表中的相关数据全部链接到汇总表中，只要打开该汇总表，就可以轻松地获得各部门销售表中的数据。操作方法如下。

在同一工作簿中的不同工作表中使用公式链接行链接操作以前，在"年度销售业绩表"工作簿中新建一个工作表（汇总表）。在 Excel 中打开"年度销售业绩表"工作簿，将新建的"汇总表"设为当前工作表。可以使用以下 2 种方法设置链接。

① 直接在要链接数据的单元格中键入计算公式和链接对象及其数据所在区域，这种方法比较直观和快捷。此例中，可以选中"汇总表"中的元格 C3，并在该单元格中键入"=SUM(销售 1 部!J19+销售 2 部!J14+销售 3 部!J20)"或"=SUM(销售 1 部!J19,销售 2 部!J14,销售 3 部!J20)"即可。函数中"销售 1 部!J19"中，"销售 1 部"为所引用的工作表名称，"!"为分隔工作表引用和单元格引用，而"J19"则为对工作表上单元格或单元格区域的引用。结果如图 5-143 所示。

② 采用 Excel 中的设置功能来设置链接，方法如下。

选中"汇总表"中的单元格 C3，然后选择"公式"选项卡中"函数库"，单击"插入函数"命令，打开"插入函数"对话框。在该对话框中的"或选择函数"列表框中选择"常用函数"选项，在"函数名"列表框中选择"SUM"函数（也可以选择其他函数命令），如图 5-144 所示，按"确定"按钮，打开"SUM"对话框。将光标置于"Number1"文本框中，如图 5-145 所示，然后将"销售 1 部"工作表置为当前工作表，并单击该表格中存储汇总数据的 J19 单元格；同样，将光标置于"Number2"文本框中，然后将"销售 2 部"工作表置为当前工作表，并单击该表格存储汇总数据中的 J14 单元格，这时将在"Number2"下方自动增加一个文本框"Number3"，用同样的方法在第 3 个方便框中输入"销售 3 部!J20"，单击"确定"按钮，返回"汇总表"表格。可以看到在该表的 C4 单元格中已填入了数据，该数据就是 3 个销售报表中销售额之和，在编辑栏中还显示该单元格数据的计算公式，如图 5-146 所示。

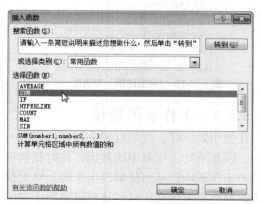

图 5-143　同一工作簿中工作表链接　　　　图 5-144　选择函数对话框

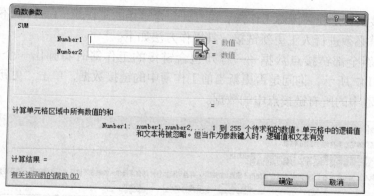

图 5-145　输入数据

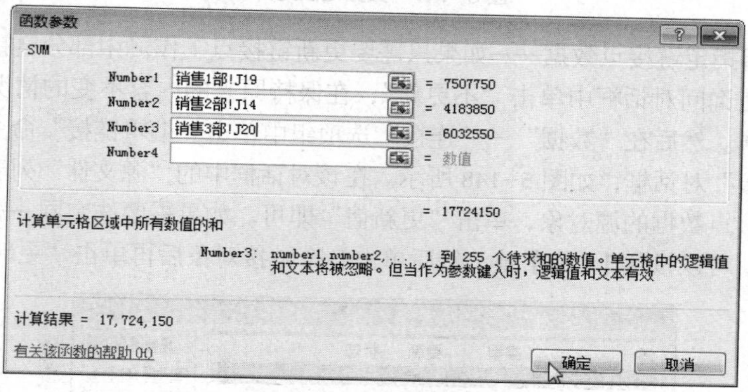

图 5-146　输入数据完成

2. 在不同工作簿中的工作表中使用公式链接

在 Excel 中不仅可以在同一工作簿中的不同工作表之间创建链接，还可以在不同工作簿中的工作表之间创建链接。假设上例中的"汇总表"是在另一个"公司报表"工作簿中，其操作步骤如下。

STEP 1 将"公司报表"与"年度销售业绩表"同时打开置于同一 Excel 窗口中，并将"公司报表"工作簿置为当前工作簿。

STEP 2 在将要包含公式的"公司报表"工作簿中选定希望输入外部引用的单元格（即链接点），本例为该工作簿中"汇总表"工作表中的 C3 单元格，完成链接的设置方法与在同一工作簿中不同工作表中使用公式链接中的设置方法相似，所不同的是在设置该单元格中键入数据的公式中还要添加上所链接数据源的工作簿名及其路径，如"=SUM('D:\[年度销售业绩表.xlsx]销售 1 部'! J19, 'D:\[年度销售业绩表.xlsx]销售 2 部'! J14, D:\[年度销售业绩表.xlsx]销售 3 部'! J20)"。函数中"D:\[年度销售业绩表.xlsx]"表示引用的存储在 D 盘根目录下、文件名为"年度销售业绩表.xlsx"的文件。

3. 链接数据的自动更新

用以上链接方式创建的工作簿一般不需要用户来维护，如果为链接提供数据的单元格发生变化时，包含链接点的工作簿中的相关数据将会自动更新。但需要注意的是，只有当包含链接点的工作簿与为链接提供数据的工作簿（源工作簿）同时打开的情况下改变源工作簿中的相关数据，或者在更新源工作簿中的相关数据后接着打开包含链接点的工作簿，Excel 才会自动更新该链接。若是在关闭源工作簿后再打开包含链接的工作簿，Excel 就不会自动更新链接数据，此时就必须进行人工更新链接，其操作方法如下。

STEP 1 更新全部链接点数据——打开包含链接的工作簿时将弹出一个对话框，如图 5-147 所示，询问是否更新当前工作簿中的链接数据，单击"更新"将更新该工作簿中的所有链接点中的数据。

图 5-147　数据链接更新

STEP 2 更新指定链接点数据——如果只需要更新链接点工作簿中部分链接点的数据，则应在询问对话框中单击"不更新"，在保持原来的内容不变的情况下，打开该工作簿。然后在"数据"→"连接"选项组中单击"编辑链接"命令，打开"编辑链接"对话框，如图 5-148 所示。在该对话框中的"源文件"列表框中选择指定链接点数据的源对象，单击"更新值"即可。如果需要选定同一源文件的多个链接，可以按住【Ctrl】键，然后单击各个链接对象后再单击"更新值"。

图 5-148　数据链接更新

5.8.3　课后加油站

1. 考试重点分析

考生必须要掌握 Excel 2010 工作簿和工作表的隐藏和保护、工作表中链接的建立。

2. 过关练习

练习 1：隐藏"学生成绩"工作表。

练习 2：在"学生体育成绩"工作簿中共有 4 张工作表，分别为"第 1 学期"、"第 2 学期"、"第 3 学期"和"第 4 学期"，保存有 4 个学期体育成绩，成绩均存储在 C3 单元格内，要求建立一张汇总表，求出学生的体育平均成绩。

PART 6

第 6 章
PowerPoint 2010 的使用

6.1　PowerPoint 2010 概述

　　PowerPoint 是美国微软公司出品的办公软件系列重要组件之一，它是功能强大的演示文稿制作软件，可协助用户独自或联机创建永恒的视觉效果。它增强了多媒体支持功能，利用 Power Point 制作的文稿，可以通过不同的方式播放，也可将演示文稿打印成一页一页的幻灯片，使用幻灯片机或投影仪播放，可以将演示文稿保存到光盘中以进行分发，并可在幻灯片放映过程中播放音频流或视频流。PowerPoint 2010 对用户界面进行了改进并增强了对智能标记的支持，可以更加便捷地查看和创建高品质的演示文稿。

6.1.1　PowerPoint 2010 的新功能与特点

　　PowerPoint 2010 在原版本的基础上，其功能有了更进一步的增强，主要体现在以下几方面。

1. 在线主题

　　PowerPoint 2010 在主题获取上更加丰富，除了内置的几十款主题之外，还可以直接下载网络主题。在极大地扩充了幻灯片的美化范畴的同时，还在操作上也变得更加便捷。

2. 广播幻灯片功能

　　广播幻灯片是 PowerPoint 2010 中新增加的一项功能，该功能允许其他用户通过互联网同步观看主机的幻灯片播放，类似于电子教室中经常使用的视频广播等应用。

3. 新增的"切换"功能

　　在 PowerPoint 2007 中，对象的特效与幻灯片的特效同属一个标签中，在使用时，难免会存在动画数量不够或操作不方便等问题。而 PowerPoint 2010 中，特别新增加了一个"切换"标签与"动画"标签分别负责"换页"、"对象"的动画设置。

4. 录制演示

　　"录制演示"功能可以说是"排练计时"的强化版，大大提高了新版幻灯片的互动性。这项功能使得用户不仅能够观看幻灯片，还能够听到讲解等，给用户以身临其境的感觉，如同处在会议现场的感受。

5. 音/视频编辑功能

　　PowerPoint 2010 内置了丰富的音/视频编辑功能，可以很容易地对已插入影音执行修正，其中最大的亮点就是便捷的音/视频截取功能及预览影像功能。

6. 图形组合

制作图形时，可能需要使用不同的组合形式，如：联合、交集、打孔和裁切等，在 PowerPoint 2010 中也加入了这项功能，但默认没有显示在功能区中，使用时需要使用"自定义功能区"功能进行添加。

7. 文档压缩

为了方便用户存储、播放幻灯片，PowerPoint 2010 中还提供了针对不同应用环境的文档压缩功能，该功能对于包含有大量图片的幻灯片效果尤其明显。

8. Backstage 视图

PowerPoint 2010 中的"文件"标签与 PowerPoint 2007 中的"Office"按钮是对应的，单击"文件"标签，就会切换到 Backstage 视图，在 Backstage 视图中可以管理演示文稿和有关演示文稿的相关数据、信息等。

6.1.2 PowerPoint 2010 启动和退出

1. 启动 PowerPoint 程序

PowerPoint 2010 的启动有以下两种方法。

① 在桌面上单击左下角的"开始→所有程序→Microsoft Office→Microsoft Office Power Point 2010"命令，如图 6-1 所示，即可以启动 PowerPoint 应用程序，打开 PowerPoint 文档。类似操作可以启动 Office 2010 中的其他程序。

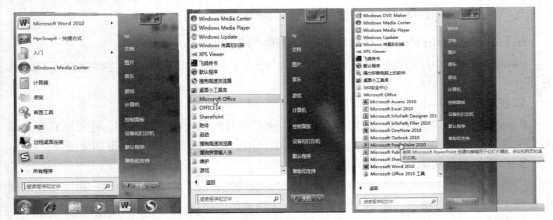

图 6-1　新建空白演示文稿

② 如果在桌面上建立了各应用程序的快捷方式，可直接双击 PowerPoint 2010 的快捷方式图标即可启动相应的应用程序。

2. 退出 PowerPoint 2010 应用程序

退出 PowerPoint 2010 的常用方法有以下 5 种。

● 打开 Microsoft Office PowerPoint 2010 程序后，单击程序右上角的关闭按钮（ ），可快速退出主程序，如图 6-2 所示。

● 打开 Microsoft Office PowerPoint 2010 程序后，右击开始菜单栏中的任务窗口，打开快捷菜单，选择"关闭"按钮，可快速关闭当前开启的 PowerPoint 演示文稿，如果同时开启较多演示文稿可用该方式分别进行关闭。如图 6-3 所示。

● 在菜单栏中选择"文件"→"退出"命令。

图 6-2 单击"关闭"按钮

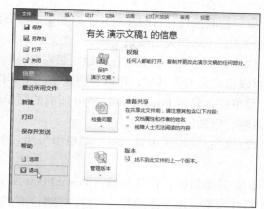

图 6-3 使用"关闭"按钮

- 双击 PowerPoint 2010 窗口快速访问工具栏左上角的窗口控制图标。
- 直接按【Alt+F4】组合键。

注意

　　退出应用程序前没有保存编辑的演示文稿，系统会弹出一个对话框，提示保存演示文稿。

6.1.3　PowerPoint 2010 窗口组成与操作

通过 6.1.2 的方法，快速启动 PowerPoint 2010 程序，打开操作界面，如图 6-4 所示。

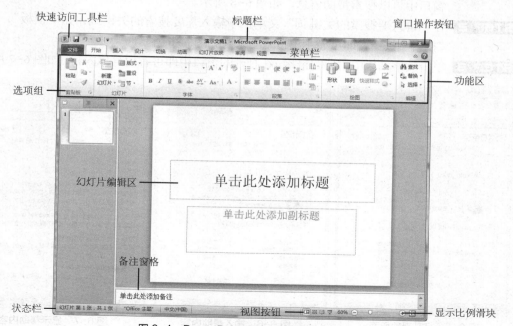

图 6-4 PowerPoint 2010 窗口组成元素

　　PowerPoint 2010 工作窗口主要包括有标题栏、快速访问工具栏、菜单栏、功能区、幻灯片编辑区、状态栏、备注窗格等。

　　① 标题栏：在窗口的最上方显示文档的名称。

② 窗口控制按钮：它的左端显示控制菜单按钮图标，其后显示文档名称它的右端显示最小化、最大化/还原和关闭按钮图标。

③ 快速访问工具栏：显示在标题栏最左侧，包含一组独立于当前所显示选项卡的选项，是一个可以自定义的工具栏，可以在快速访问工具栏添加一些最常用的按钮。

④ 菜单栏：显示 PowerPoint 2010 所有的菜单项，如文件、开始、插入、设计、切换、幻灯片放映、审阅、视图菜单。

⑤ 功能区：功能区中显示每个菜单中包括多个"选项组"，这些选项组中包含具体的功能按钮。

⑥ 幻灯片编辑区：设计与编辑 PowerPoint 文字、图片、图形等的区域。

⑦ 备注窗格：用于添加与幻灯片内容相关的注释，供演讲者演示文稿时参考所用。

⑧ 状态栏：显示当前状态信息，如页数和所使用的设计模板等。

⑨ 视图按钮：可切换不同的视图效果对幻灯片进行查看。

⑩ 显示比例滑块：用于显示文稿编辑区的显示比例，拖动显示比例滑块即可放大或缩小演示文稿显示比例。

6.1.4　PowerPoint 2010 帮助的使用

许多用户在使用 Microsoft Office 的过程中遇到问题时都不知所措，第一想法就是查阅相关资料或请教高手，这些方法固然可行，但在此之前一定不要忘了尝试使用 Microsoft Office 2010 的"帮助"功能。

STEP 1　单击 PowerPoint 2010 主界面右上角的 ❷ 按钮，打开 PowerPoint 帮助窗口，在该窗口中可以搜索帮助信息，如图 6-5 所示。

STEP 2　在"键入要搜索的关键词"文本框中输入需要搜索的关键词，如"模板"，单击"搜索"按钮，即可显示出搜索结果，如图 6-6 所示。

STEP 3　单击搜索结果中需要的链接，在打开的窗口中即可看到具体内容，如图 6-7 所示。

图 6-5　打开帮助界面

图 6-6　输入帮助内容

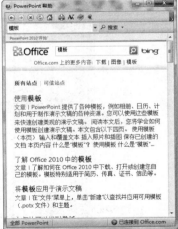
图 6-7　显示帮助内容

6.1.5　课后加油站

1. 考试重点分析

考生必须要掌握 PowerPoint 2010 程序的基础知识，包括启动与退出 PowerPoint 2010,

PowerPoint 2010 工作窗口的构成，以及获取 PowerPoint 帮助等。

2. 过关练习

练习 1：快速退出 PowerPoint 程序。

练习 2：在桌面创建 PowerPoint 2010 的快捷方式。

练习 3：启动 PowerPoint 后再关闭 PowerPoint。

练习 4：使用 PowerPoint 帮助搜索功能查看如何新建文档。

6.2 PowerPoint 2010 基本操作

6.2.1 创建新的演示文稿

1. 新建空白演示文稿

PowerPoint 2010 从空白文稿出发建立演示文稿，可以根据自己的需要来制作一个独特的演示文稿。创建的过程如下。

单击"文件"→"新建"→"空白演示文稿"，立即创建一个新的空白演示文稿，如图 6-8 所示。

注意　　新创建的空白演示文稿，其临时文件名为"演示文稿 1"，如果是第二次创建空白演示文稿，其临时文件名为"演示文稿 2"，其他的文件名以此类推。

图 6-8　新建空白演示文稿

2. 根据现有模板新建演示文稿

根据 Office 内置模板新建演示文稿，新演示文稿的内容与选择的模板内容完全相同。

STEP 1 单击"文件"→"新建"标签，在右侧选中"样本模板"，如图 6-9 所示。

STEP 2 在"样本模板"列表中选择适合的模板，如"项目状态报告"，如图 6-10 所示。

STEP 3 单击"新建"按钮即可创建一个与样本模板相同的演示文稿。

图6-9 选择样本模板

图6-10 选择"项目状态报告"

3.根据现有演示文稿新建演示文稿

如果想要创建的演示文稿与本机上的演示文稿类型相似，可以直接依据本机上的演示文稿来新建演示文稿。

STEP 1 单击"文件"→"新建"标签，在"可用的模板和主题"区域选择"根据现有内容新建"，如图6-11所示。

STEP 2 打开"根据现有演示文稿新建"对话框，找到需要使用的演示文稿存在路径并选中，如图6-12所示。

STEP 3 单击"新建"按钮，即可根据现有演示文稿创建新演示文稿。

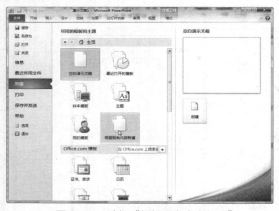
图6-11 选择"根据现有内容新建"

图6-12 找到现有内容

6.2.2 打开已存在的演示文稿

PowerPoint 2010 可以打开该版本及之前任意版本下制作的演示文稿和演示文稿模板文件，使其处于激活状态，并显示内容。一般情况下，可通过现有文稿打开其他演示文稿，或者利用最近使用的文档列表打开。

1.使用"打开"命令打开演示文稿

STEP 1 单击"文件"→"打开"标签，如图6-13所示。

STEP 2 打开"打开"对话框，找到需要打开的文件所在路径并选中，如图6-14所示。

STEP 3 单击"打开"按钮，即可打开该演示文稿。

图 6-13 选择"打开"标签

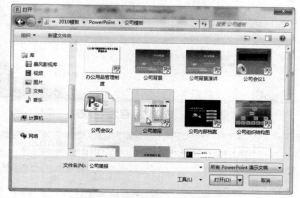

图 6-14 选择需要打开的文档

2. 打开最近使用过的演示文稿

STEP 1 单击"文件"→"最近所用文件"标签。

STEP 2 在"最近使用的演示文稿"列表中选中需要打开的演示文稿，在右键菜单中选择"打开"命令，如图 6-15 所示，即可打开演示文稿。

图 6-15 从最近列表中打开文档

6.2.3 保存演示文稿

创建演示文稿并对其进行编辑后，需要将演示文稿保存到电脑上的指定位置。

STEP 1 单击"文件"→"另存为"标签，如图 6-16 所示。

STEP 2 打开"另存为"对话框，设置文件的保存位置，在"文件名"文本框中输入要保存文稿的名称，如图 6-17 所示。

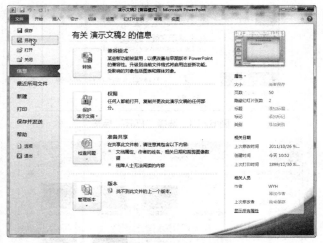

图 6-16　选择"另存为"标签

图 6-17　设置保存名单和位置

STEP 3 单击"保存"按钮，即可保存演示文稿。

6.2.4 演示文稿视图的应用

视图是工作的环境，每种视图按自己不同的方式显示和加工文稿，在一种视图中对文稿进行的修改，会自动反映在其他视图中。

PowerPoint 2010 中提供了普通视图、幻灯片浏览视图、备注页视图和阅读视图，但各视图间的集成更合理，使用也比以前的版本更方便。PowerPoint 能够以不同的视图方式来显示演示文稿的内容，使演示文稿易于浏览、便于编辑。

在视图选项标签下的"演示文稿视图"选项组中横排的 4 个视图按钮，利用它们可以在各视图间切换。

1. 普通视图

在该视图中，可以输入，查看每张幻灯片的主题、小标题及备注，并且可以移动幻灯片图像和备注页方框，或改变它们的大小。

2. 幻灯片浏览视图

在这个视图可以同时显示多张幻灯片，也可以看到整个演示文稿，因此可以轻松地添加、删除、复制和移动幻灯片，还可以使用"幻灯片浏览"工具栏中的按钮来设置幻灯片的放映时间，选择幻灯片的动画切换方式。

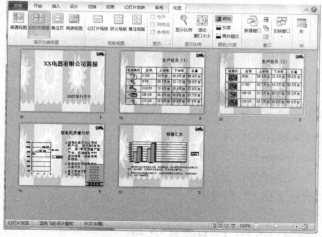

图6-18　幻灯片浏览视图

3. 备注页视图

在备注页视图中，可以输入演讲者的备注。其中，幻灯片缩图下方带有备注页方框，可以通过单击该方框来输入备注文字。当然，用户也可以在普通视图中输入备注文字。

图6-19　备注页视图

4. 阅读视图

单击"视图"选项卡中的"演示文稿视图"选项组中的"阅读视图"按钮就进入放映视图。

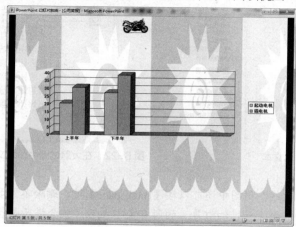

图6-20　阅读视图

6.2.5　课后加油站

1.考试重点分析

考生必须要掌握 PowerPoint 2010 的基本操作知识，包括新建、打开、保存演示文稿，了解演示文稿的各种视图。

2.过关练习

练习1：创建一个空白演示文档，保持默认名称，保存在 F 盘根目录下。

练习2：新建演示文稿2，并使用默认幻灯片母版。

练习3：将幻灯片切换至幻灯片浏览视图。

练习4：启动 PowerPoint 2010，并打开"大纲"窗格。

练习5：将幻灯片浏览视图设置为幻灯片默认视图显示。

练习6：保存"演示文稿1"到桌面。

6.3　幻灯片文本编辑与格式设置

6.3.1　输入与复制文本

PowerPoint 2010 的基本功能是进行文字的录入和编辑工作，本章节主要针对文本录入时的各种技巧进行具体介绍。

1.在占位符中输入文本

STEP 1 在打开的 PowerPoint 演示演示文稿中，占位符如图 6-21 所示，中间有"单击此处添加标题"的文字。

STEP 2 将光标置于其中，输入文本，一般而言是标题性文字。

2.在大纲视图中输入文本

STEP 1 打开演示文稿，在其界面中功能区左侧下方单击"大纲"按钮，即可进入"大纲"窗格。

STEP 2 在"大纲"窗格中，将光标置于需要输入文本的地方，输入需要文字即可，如图 6-22 所示。

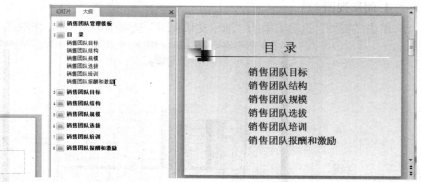

图6-21　在占位符中输入文本　　　　　　　　　图6-22　在大纲试图中输入文本

注意　　　在"大纲"视图中还可以按【Backspace】键，删除不需要的文字。需要注意的是，如果删除一张幻灯片上的所有文字之后，就会提示是否删除整张幻灯片，用户可以根据需要自行决定。

3. 通过文本框输入文本

STEP 1 在 PowerPoint 主界面中，在"插入"→"文本"选项组中单击"文本框"下拉按钮（见图 6-23），在其下拉菜单中，选择"横排文本框"或"竖排文本框"，单击即可插入。

STEP 2 在文本框中输入文字，如图 6-24 所示。

图 6-23　插入文本框

图 6-24　输入文本

4. 添加备注文本

PowerPoint 主界面中，将鼠标光标置于备注文本框中，输入文字即可，如图 6-25 所示。

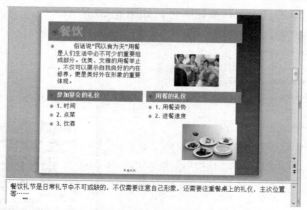

图 6-25　在备注页中输入文本

6.3.2　编辑文本内容

1. 选择文本

① 打开演示文稿，按【Ctrl+A】组合键即可选中整个演示文稿。

② 打开演示文稿，按【Ctrl+Home】组合键，将光标移至演示文稿首部，再按【Ctrl+Shift+End】组合键，即可选中整篇演示文稿。

③ 打开演示文稿，按【Ctrl+End】组合键，将光标移至演示文稿尾部，再按【Ctrl+Shift+Home】组合键，即可选中整篇演示文稿。

2. 复制与移动文本

① 在 PowerPoint 2010 主界面中，选中文本，按【Ctrl+C】组合键，或者单击鼠标右键，在属性对话框中单击"复制"按钮。

② 在幻灯片的合适位置，鼠标右击，在弹出的属性对话框中单击"粘贴"命令，即可移动文本。

3. 删除与撤销删除文本

STEP 1 在幻灯片中，选择需要删除的文本按下【Backspace】键，即可快速删除文本。

STEP 2 撤销删除文本，只需要在演示文稿的主界面的顶部单击 ➚ 命令，即可快速撤销删除的文本。

6.3.3 编辑占位符

占位符就是先占住一个固定的位置，用于幻灯片上，就表现为一个虚框，虚框内往往有"单击此处添加标题"之类的提示语，一旦鼠标单击之后，提示语会自动消失，并且在其中输入文字，带有固定的格式。

1. 利用占位符自动调整文本

在占位符中输入文本，文字的格式就与占位符的文本格式相一致，"华文新魏（标题），44"。

2. 取消占位符自动调整文本

STEP 1 在 PowerPoint 2010 主界面中，单击"文件"→"选项"标签。

STEP 2 在弹出的 PowerPoint 选项对话框中单击"校对"按钮，在右侧窗口，单击"自动更正选项"按钮，如图 6-26 所示。

STEP 3 在弹出的自动更正窗口中单击"键入时自动套用格式"按钮，在"键入时应用"栏下，清除"根据占位符自动调整标题文本"和"根据占位符自动调整正文文本"复选框，单击"确定"按钮即可，如图 6-27 所示。

图 6-26 打开"选项"对话框

图 6-27 取消自动调整文本

6.3.4 设置字体格式

在设计 PowerPoint 演示文稿时，对文本的修饰看似简单，但要做到简约而不简单十分不易，需要靠用户根据实际情况，灵活应变。简单的设置文本格式操作如下。

1. 通过"字体"栏设置文本格式

通过"字体"栏设置文本格式，方便快捷，具体操作如下。

在幻灯片中选择需要设置格式的文本，在"开始"→"字体"选项组中进行设置，如图 6-28 所示。

例如在其中可以选择"加粗，文字阴影，黑色"，设置完成后，效果如图 6-29 所示。

2. 通过浮动工具栏设置文本格式

所谓浮动工具栏，即是鼠标右击或选择文本之后，鼠标光标在其停留几秒便可以弹出的字体对话框。用户可以在其中设置字体格式。

在幻灯片中选择需要设置格式的文本，鼠标在其停留几秒，弹出浮动工具栏。

例如在其中可以选择"倾斜，华文新魏，72，黑色"，设置完成后，具体效果参见图6-30所示。

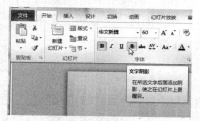
图 6-28 设置字体格式

图 6-29 设置后效果

图 6-30 通过浮动工具栏设置

6.3.5 字体对话框设置

选择文本之后，鼠标右击，不仅可以弹出浮动工具栏，可以弹出属性对话框。用户可以通过其设置文本格式。

STEP 1 在幻灯片中选择需要设置格式的文本，在"开始"→"字体"选项组单击 按钮。

STEP 2 打开"字体"对话框，可以在对话框中设置文字的字形、字号、字体颜色、下划线及其他各种效果，如图6-31所示。

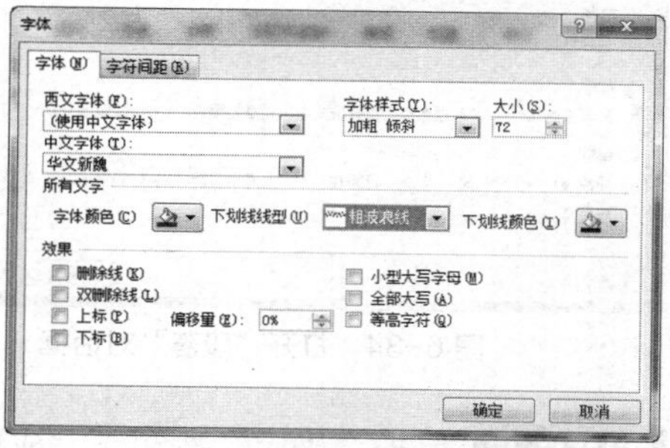

6.3.6 设置段落格式

在设计演示稿的过程中，为了让输入的大段文字更加美观，用户除了设置文本的对齐方式，还可以设置文本段落行间距。

图 6-31 在"字体"对话框中设置

1. 对齐方式设置

在设计演示文稿的过程中，为了让输入的大段文字更加美观，用户可以设置文本的对齐方式。

在幻灯片中，选中需要设置对齐方式的文本，在"开始"→"段落"选项组中单击选择合适的对齐方式，如中部对齐，如图6-32所示。

2. 行间距设置

在幻灯片中，选中需要设置对齐方式段落行间距的文本，在"开始"→"段落"选项组中单击 按钮，在其下拉菜单单击"2.0"，如图6-33所示，即可设置行间距为2.0。

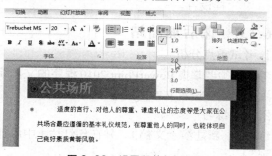

图 6-32 选择对其方式

图 6-33 设置段落行间距

6.3.7 段落对话框设置

段落缩进是指段落中的行相对于页面左边界或右边界的位置在对演示文稿中的文字进行设置时,可以通过段落对话框来设置文字的段落格式。

1.缩进设置

STEP 1 将光标定位到要设置的段落中,在"开始"→"段落"选项组单击按钮,打开"段落"对话框。切换到"缩进和段落"选项卡,在"缩进"下设置"文本之前"尺寸,如图6-34所示。

STEP 2 单击"确定"按钮,完成段落的缩进设置。

2.悬挂缩进

STEP 1 将光标定位到要设置的段落中,打开"段落"对话框,切换到"缩进和间距"标签,在"特殊格式"下拉列表中选择"悬挂缩进"选项,接着在"文本之前"和"度量值"文本框中分别输入数值,如图6-35所示。

图6-34 打开"段落"对话框

图6-35 悬挂缩进

STEP 2 单击"确定"按钮,完成段落的悬挂设置。

3.首行缩进

STEP 1 将光标定位到要设置的段落中,打开"段落"对话框,切换到"缩进和间距"标签,在"特殊格式"下拉列表中选择"首行缩进"选项(见图6-36),接着在"文本之前"和"度量值"文本框中分别输入数值。

STEP 2 单击"确定"按钮,完成段落的悬挂设置。

图6-36 首行缩进

6.3.8 课后加油站

1.考试重点分析

考生必须要掌握PowerPoint 2010程序的文本编辑知识,包括文本的输入与复制、使用占位符添加文本、设置文本的段落格式等知识。

2.过关练习

练习1:新建演示文稿1,并在幻灯片1中添加水平文本框,并输入文本"人力资源类工作计划"。

练习 2：在演示文稿 1 的第 2 张幻灯片中添加垂直文本框，并输入文本"员工训练"。

练习 3：在占位符中输入四段文本，然后为其添加罗马编号，开始于"2"。

练习 4：将"商务会议.ppt"演示文稿里幻灯片 6 中正文文本的对齐方式设置为"居中"。

练习 5：在幻灯片 2 中将当前所在段落的行距设置为 1 行，段前 0.5 行，段后 0.5 行。

6.4　幻灯片设计与美化

6.4.1　幻灯片母版设计

幻灯片母版是指存储有关应用的设计模板信息的幻灯片，包括字形、占位符大小或位置、背景设计和配色方案，包含标题样式和文本样式。

1. 插入、删除与重命名幻灯片母版

用户在幻灯片中插入、删除与重命名幻灯片母版，可以通过以下介绍进行操作。

STEP 1 在幻灯片母版视图中，在"编辑母版"选项组中单击"插入幻灯片母版"按钮，如图 6-37 所示。

STEP 2 插入幻灯片母版之后，具体效果如图 6-38 所示。

图 6-37　单击"插入母板"按钮

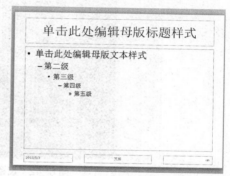

图 6-38　插入的母板

STEP 3 在"编辑母版"选项组中单击"重命名"按钮（图 6-39），在弹出的重命名对话框中输入合适的母版名称，单击"重命名"按钮，如图 6-40 所示。

图 6-39　重命名母版　图 6-40　输入母版名称

STEP 4 在"编辑母版"选项组中单击"删除"按钮，即可删除幻灯片母版。

2. 修改母版

用户在设计演示文稿的过程中，如果对系统自带的母版版式不满意，可以进行修改，如添加图片占位符。

在 PowerPoint 2010 主界面中，在"视图"→"母版版式"选项组中单击"插入占位符"下来按钮，在其下拉菜单中选择"图片"命令，如图 6-41 所示。

3. 设置母版背景

在设计幻灯片母版的过程中，用户还可以设置幻灯片母版的背景。

STEP 1 在幻灯片母版视图中，在"背景"选项组中单击"背景样式"下拉按钮。

STEP 2 在弹出的下拉菜单中选择一种背景颜色，如图 6-42 所示。

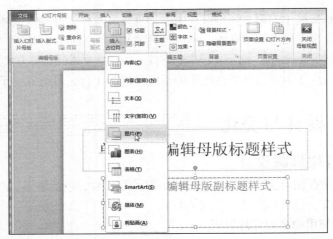

图 6-41 插入"图片"占位符

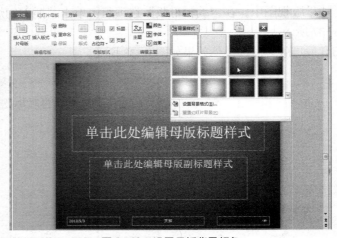

图 6-42 设置母板背景颜色

6.4.2 讲义母版设计

打开讲义母版,用户可以更改讲义的打印设计与版式。

1.设置讲义方向

讲义的方向,即讲义的页面方向,分为横向与纵向两种。

STEP 1 在"视图"菜单中打开讲义母版视图,在"页面设置"选项组中单击"讲义方向"
下拉按钮。

STEP 2 在其下拉菜单中选择"横向"命令,效果如图 6-43 所示。

图 6-43 选择方向

2. 设置每页幻灯片数量

在讲义母版中，有时为了实际需要还需要设置每页幻灯片的数量，具体操作如下。

STEP 1 在"视图"菜单中打开讲义母版视图，在"页面设置"选项组中单击"每页幻灯片数量"下拉按钮，在其下拉菜单中选择"9 张幻灯片"，如图 6-44 所示。

STEP 2 设置完成后每页显示 9 张幻灯片，效果如图 6-45 所示。

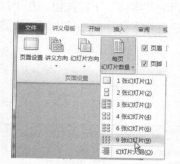

图 6-44　选择讲义幻灯片数量

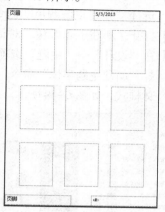

图 6-45　每张显示 9 张幻灯片

6.4.3　应用幻灯片主题

幻灯片的主题一般包括幻灯片的主题颜色、主题字体与主题效果及主题设计方案等方面，在实际操作中，应用相当普遍。

1. 快速应用主题

默认情况下，新建的演示文稿主题是"空白页"，这样显得比较单调和呆板，可以通过如下方法快速应用程序内置的主题。

STEP 1 打开需要应用主题的演示文稿，在"设计"→"主题"选项组中单击右下角的 按钮。

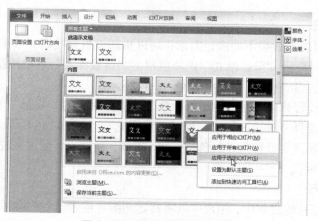

图 6-46　选择需要应用的主题

STEP 2 在弹出的菜单中选择一款合适的主题样式，这里选择蓝色风格的"流畅"，如图 6-46 所示。

STEP 3 更改主题后，演示文稿中所以幻灯片的图形、颜色和字体、字号等也变成了新更换的主题样式。

2. 更改主题颜色

PowerPoint 2010 中的主题是可以更改颜色的。每一种风格的主题都可以变换若干种颜色，程序内置了若干种颜色样式，对于有特殊要求的用户，还可以手动新建颜色样式，设置起来非常灵活。

STEP 1 在"设计"→"主题"选项组中单击右上角的"颜色"下拉按钮，在下拉菜单中选择"新建主题颜色"命令。

STEP 2 打开"新建主题颜色"对话框，在对话框中可以设置主题颜色，如图 6-47 所示。

STEP 3 在"设计"→"主题"选项组中单击右上角的"字体"下拉按钮，在下拉菜单中选择"新建主题字体"命令，在打开的"新建主题字体"对话框中可以设置主题的字体样式，如图 6-48 所示。

图 6-47　新建主题颜色

图 6-48　新建主题字体

6.4.4　应用幻灯片背景

幻灯片的背景颜色要与幻灯片的主题颜色搭配协调，必要时还可以根据需要重新设置幻灯片背景。

1. 背景渐变填充

如果默认的背景填充效果不能满足需求，可以重新设置背景填充效果。

STEP 1 在"设计"→"背景格式"选项组单击"背景样式"下拉按钮，在下拉菜单中选择"设置背景格式"命令，如图 6-49 所示。

STEP 2 打开"设置背景格式"对话框，单击左侧窗格中的"填充"项，在右侧窗格中根据需要选择一种填充样式，如"渐变填充"，如图 6-50 所示。

STEP 3 接着根据需要设置预设颜色、类型、方向、角度等，设置完成后单击"全部应用"按钮即可。

2. 背景纹理填充

在实际设计幻灯片的过程中，用户可以将特定的图片或者美观的图片设置为幻灯片背景。

STEP 1 在灯片中单击鼠标右键，在弹出的右键菜单中选择"设置背景格式"命令，打开"设置背景格式"对话框。

STEP 2 单击左侧窗格中的"填充"选项，在右侧窗格中的"填充"栏中选中"图片或纹理填充"单按钮，接着单击"纹理"右侧下拉按钮，如图 6-51 所示。

STEP 3 在"纹理"下拉菜单中选择适合的纹理，如图 6-52 所示。

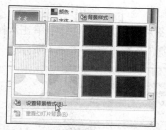

图 6-49　选择"设置背景格式"命令

图 6-50　设置渐变填充

图 6-51　单击"纹理"按钮

图 6-52　选择纹理

STEP 4　单击"全部应用"按钮即可为演示文稿添加纹理填充背景。

6.4.5　插入图片

插入图片是在幻灯片中应用图片的基础操作。

1.插入图片

STEP 1　打开的 PowerPoint 演示演示文稿，在"插入"→"图像"选项组中单击"图片"按钮。

STEP 2　在弹出的"插入图片"对话框中，选择合适的图片，单击"插入"按钮，如图 6-53 所示。

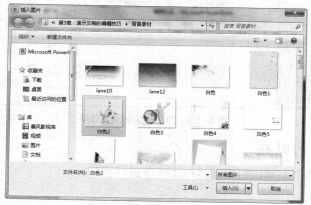

图 6-53　插入图片

2. 片编辑

在演示文稿中，对插入幻灯片的图片进行编辑，是图片处理的重要环节，关系着图片的实际应用效果。

STEP 1 在幻灯片中选中需要进行编辑的图片，用鼠标调整其大小和位置。

STEP 2 同样还可以设置图片样式，在"格式"→"图片样式"选项组中单击按钮，在下拉菜单中选择图片样式，如选择"金属椭圆"，效果如图 6-54 所示。

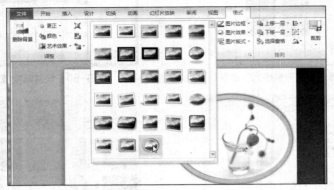

图 6-54　设置图片样式

3. 图片效果

在幻灯片中，有时对插入的图片进行效果处理会取得意想不到的效果。

STEP 1 在幻灯片中选择需要进行效果处理的图片，在"格式"→"图片样式"选项组中单击"图片效果"命令。

STEP 2 在其下拉菜单中进行设置，如设置发光效果，"紫色，15pt 发光，强调文字颜色2"，如图 6-55 所示。

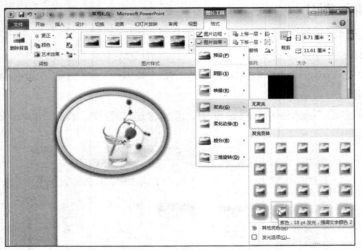

图 6-55　为图片添加发光效果

6.4.6　插入剪贴画

在幻灯片中插入剪贴画，可以通过以下步骤进行操作。

1. 插入剪贴画

STEP 1 在"插入"→"图像"选项组中单击"剪贴画"按钮，如图 6-56 所示。

STEP 2 在演示文稿右侧弹出的剪贴画窗口中，输入文字，单击搜索，选择合适的剪贴画单击即可，如图 6-57 所示。

图 6-56 打开"剪贴画"窗格

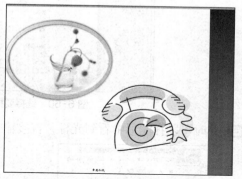

图 6-57 插入剪贴画

2.预览剪贴画属性

用户可以对 Office 上的剪贴画查看其属性。

STEP 1 选中剪贴画，在右键菜单中选择"预览/属性"命令，如图 6-58 所示。

STEP 2 打开"预览/属性"对话框，即可查看选中剪贴画的属性，如图 6-59 所示。

图 6-58 选择"预览/属性"命令

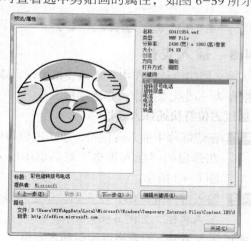

图 6-59 查看剪贴画属性

6.4.7 插入图形

在幻灯片中，用户可以自行绘制图形，具体步骤如下。

1.插入图形

STEP 1 在"插入"→"插图"选项组单击"形状"下拉按钮，在其下拉菜单中，选择"云形"，如图 6-60 所示。

STEP 2 待光标变成画笔型，绘制图形。

2.在图形中添加文字

在设计幻灯片的过程中，用户可以在自选图形中添加文字，更好地发挥自选图形在演示文稿的作用。

STEP 1 选中图形，在右键菜单中选择"编辑文字"命令，如图 6-61 所示。

图 6-60　选择要插入的形状

STEP 2 此时可以在图形中看到光标，直接输入文字即可，输入后效果如图 6-62 所示。

图 6-61　选择"编辑文字"命令

图 6-62　在图形中输入文字

6.4.8　插入表格

在演示文稿的设计制作中，插入表格可以直观形象地表现数据与内容，十分常用。因此，插入表格作为一项基本操作，必须掌握。

1．通过占位符快速插入表格

STEP 1 在幻灯片中插入占位符，单击占位符中的  按钮，在弹出的"插入表格"对话框中输入行列数，如图 6-63 所示。

图 6-63　选择"插入表格"图标

STEP 2 输入行列数，如 2 行 5 列，单击"确定"按钮即可插入表格，如图 6-64 所示。

图 6-64　设置表格行列数

2．通过插入菜单下的表格选项组插入表格

STEP 1 在"插入"→"表格"选项组单击"表格"下拉按钮，在其下拉菜单中选择合适的行列数或单击"插入表格"命令。

STEP 2 选择合适的行列数，如 4 行 6 列，单击即可插入表格，效果如图 6-65 所示。

图 6-65　通过菜单栏插入表格

6.4.9 插入艺术字

STEP 1 在"插入"→"文本"选项组单击"艺术字"下拉按钮，在其下拉菜单中选择合适的艺术字样式，如图 6-66 所示。

STEP 2 此时会在演示文稿中添加一个艺术字文本框，直接在文本框中输入文字即可，效果如图 6-67 所示。

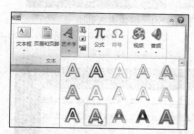

图 6-66　选择艺术字样式

图 6-67　插入艺术字

6.4.10 课后加油站

1. 考试重点分析

考生必须要掌握幻灯片的设计与美化知识，包括设计幻灯片的母版，为幻灯片添加主题，插入图片、艺术字、剪贴画，为幻灯片添加表格等知识。

2. 过关练习

练习 1：将讲义母版显示的幻灯片张数设置为六张。

练习 2：在"商务会议.ppt"中输入备注"人才计划"。

练习 3：快速查看剪贴画属性。

练习 4：为图片应用"棱台左透视，白色"样式。

练习 5：快速合并表格。

练习 6：更改艺术字为"紫色"。

6.5 设置动画效果

6.5.1 动画方案

使用动画可以让受众将注意力集中到要点和控制信息流上，还可以提高受众对演示文稿的兴趣，在 PowerPoint 2010 中可以创建包括进入、强调、退出及路径等不同类型的动画效果。

1. 创建进入动画

STEP 1 打开演示文稿，选中要设置进入动画效果的文字或图片等。

STEP 2 在"动画"→"动画"选项组单击 按钮，在弹出的下拉列表中"进入"栏下选择进入动画，如"浮入"，如图 6-68 所示。

STEP 3 添加动画效果后，文字对象前面将显示动画编号 1 标记，如图 6-69 所示。

2. 创建强调动画

STEP 1 打开演示文稿，选中要设置强调动画效果的文字，接着在"动画"选项组单击 按钮，在弹出的下拉列表中"强调"栏下选择强调动画，如"下划线"，如图 6-70 所示。

STEP 2 添加动画效果后，在预览时可以看到在文字下添加下划线，如图 6-71 所示。

图 6-68　选择动画样式

图 6-69　创建进入动画

图 6-70　选择动画样式

图 6-71　创建强调动画

3. 创建退出动画

STEP 1 打开演示文稿，选中要设置退出动画效果的文字，接着在"动画"选项组单击▪按钮，在弹出的下拉列表中"更多退出效果"，如图 6-72 所示。

STEP 2 打开"更改退出效果"对话框，选择"消失"推出效果，单击"确定"按钮即可，如图 6-73 所示。

图 6-72　选择"更多退出效果"

图 6-73　选择要插入的效果

注意

按照相同的方法可创建路径动作动画。如果想要为不同对象设置相同的动画，可以按【Shift】键选中对象，接着按以上方法设置动画即可。

6.5.2　添加高级动画

动画效果是 PowerPoint 功能中的重要部分，使用动画效果可以制作出栩栩如生的幻灯片，用户可以在动画窗格中设置动画的播放时间等。

STEP 1　在"动画"→"高级动画"选项组单击"动画窗格"按钮打开动画窗格，如图 6-74 所示。

图 6-74　打开"动画"窗格

STEP 2　单击"谢谢支持"动画右侧的下拉按钮，在下拉菜单中选择"效果"命令，如图 6-75 所示。

STEP 3　打开"飞入"对话框，在"计时"选项卡下的"期间"文本框中设置动画播放的时间，如图 6-76 所示。

图 6-75　选择"效果选项"

图 6-76　设置动画播放时间

STEP 4　单击"确定"按钮，即可设置动画播放时间。

6.5.3　设置幻灯片间的切换效果

放映幻灯片时，如果在一张播放完毕后直接进入下一张，会显得生硬、死板，因此有必要设置幻灯片切换效果。

STEP 1　单击要设置切换效果的幻灯片的空白处，将其选中。

STEP 2　在"切换"→"切换到此幻灯片"选项组单击 按钮，在下拉菜单中选择"百叶窗"，如图 6-77 所示。

STEP 3　接着在"切换"→"切换到此幻灯片"选项组单击"效果选项"下拉按钮，在下拉菜单中选择"水平"命令（见图 6-78），即可设置切换效果。

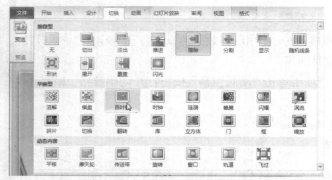

图 6-77 选择切换效果

图 6-78 选择切换效果样式

6.5.4 课后加油站

1. 考试重点分析

考生必须要掌握 PowerPoint 动画操作知识，包括为演示文稿添加不同类型的动画、为添加的动画设置播放时间、在幻灯片之间添加切换效果等知识。

2. 过关练习

练习 1：让幻灯片标题从左上部飞入。

练习 2：将动画效果更改为"缩放"进入效果。

练习 3：设置"飞入"动画播放时间为 2 秒。

练习 4：让为幻灯片标题设置的"缩放"动画连续不断的播放。

练习 5：为幻灯片添加"分裂"切换效果。

练习 6：为每张幻灯片添加相同的切换效果。

6.6 演示文稿的放映

6.6.1 放映演示文稿

制作好演示文稿后，就可以对演示文稿进行放映，检查制作过程中有无出现问题。

STEP 1 在"幻灯片放映"→"开始放映幻灯片"选项组单击"从头开始"或"从当前幻灯片开始"选项。如果没有进行过相应的设置，这两种方式将从演示文稿中的第一张幻灯片起，放映到最后一张为止。

STEP 2 单击视图按钮中的 ♀ 按钮切换到幻灯片放映视图，此时将从当前幻灯片开始放映到演示文稿中的最后一张幻灯片。

注意　无需启动 PowerPoint，直接用鼠标右键单击演示文稿文件名，从弹出式菜单中选择"显示"命令，即可开始放映演示文稿。

6.6.2 设置放映方式

在 PowerPoint 中有几种方式可以放映幻灯片，用户可以根据需要进行设置。

STEP 1 打开制作完成的演示文稿，在"幻灯片放映"→"设置"选项组单击"设置幻灯片放映"按钮。

STEP 2 打开"设置放映方式"对话框，在对话框里可以对幻灯片的放映类型、放映选项、换片方式等进行设置，如图6-79所示。

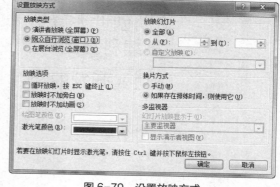

6.6.3 控制幻灯片放映

在幻灯片放映过程中，可以通过鼠标和键盘来控制播放。

1. 用鼠标控制播放

STEP 1 在放映过程中，右键单击屏幕会弹出一个快捷菜单，单击其中的命令可以控制放映的过程，单击"帮助"命令，如图6-80所示。

图6-79 设置放映方式

STEP 2 打开"幻灯片放映帮助"对话框，可以在其中查看相关帮助，如图6-81所示。

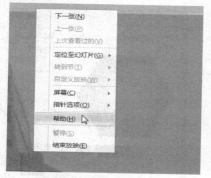

图6-80 选择"帮助"命令

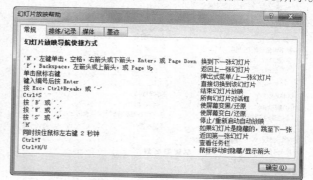

图6-81 鼠标控制放映

2. 用键盘控制放映

常用的控制放映的按键如下。

① →键、↓键、空格键、Enter键、PageUp键：前进一张幻灯片。

② ←键、↑键、Backspace键，Page Down键：回退一张幻灯片。

③ 输入数字然后按Enter键：跳到指定的幻灯片。

④ Esc键：退出放映。

6.6.4 放映幻灯片时使用绘图笔

在演示文稿放映过程中，单击鼠标右键，弹出演示快捷菜单，可从中获取一些很有用的操作，比如为幻灯片添加墨迹。

1. 绘制墨迹

STEP 1 在幻灯片放映过程中单击鼠标右键，在弹出的菜单中选择"指针选项"→"笔"，如图6-82所示。

STEP 2 此时鼠标变为笔的样式，拖动鼠标即可在幻灯片上添加墨迹，如图6-83所示。

2. 更改绘图笔颜色

STEP 1 在"幻灯片放映"→"幻灯片设置"选项组单击"设置幻灯片放映"按钮。

STEP 2 打开"设置放映方式"对话框，单击"绘图笔颜色"右侧文本框下拉按钮，在下拉菜单中选择"其他颜色"命令，如图6-84所示。

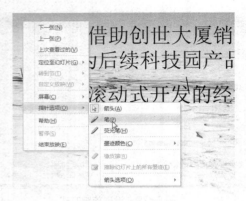

图 6-82 选择"笔"

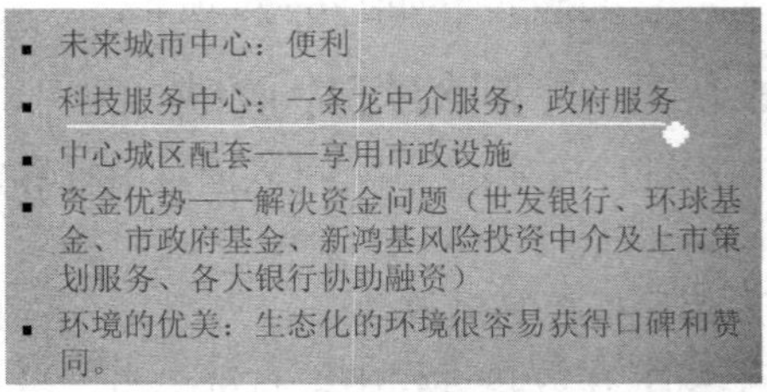

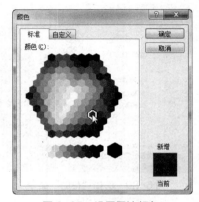

图 6-83 绘制墨迹

STEP 3 打开"颜色"对话框，在"颜色"区域选中需要的颜色，如图 6-85 所示。单击"确定"按钮，即可更改绘图笔颜色。

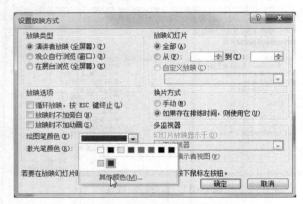

图 6-84 选择"其他颜色"选项

图 6-85 设置墨迹颜色

6.6.5 课后加油站

1. 考试重点分析

考生必须要掌握 PowerPoint 的放映知识，包括设置不同的放映方式，选择从哪一张幻灯片开始放映，在放映过程中使用绘图笔为演示文稿添加墨迹等。

2. 过关练习

练习1：将幻灯片放映方式为"观众自行浏览"放映模式。

练习2：让幻灯片从第2开始放映。

练习3：在放映时返回上一张幻灯片。

练习4：放映幻灯片时将光标隐藏起来。

练习5：将画笔颜色更改为黄色。

6.7 演示文稿的打包与打印

6.7.1 演示文稿的打包

1. 打包成 CD

在演示文稿的设计制作放映准备完成后，用户以将演示文稿打包 CD，便于携带。

STEP 1 单击"文件"→"保存并发送"标签，在右侧弹出的窗口的"文件类型"栏下选择"将演示文稿打包成 CD"，在最右侧的窗口单击"打包成 CD"，如图 6-86 所示。

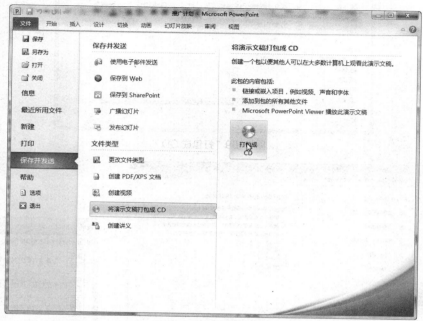

图 6-86 选择"打包成 CD"保存方式

STEP 2 打开"打包成 CD"对话框，单击"复制到文件夹"按钮，如图 6-87 所示。

STEP 3 打开"复制到文件夹"对话框，设置文件夹名称和保存位置，单击"确定"按钮，如图 6-88 所示。

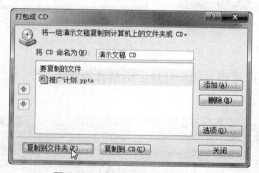

图 6-87 复制到指定文件夹

图 6-88 设置名称和路径

STEP 4 即可将演示文稿保存为 CD，图 6-89 所示为保存为 CD 后的文件。

2. 打包成讲义

STEP 1 单击"文件"→"保存并发送"，在右侧弹出的窗口的"文件类型"栏下选择"创建讲义"，在最右侧的窗口单击"创建讲义，如图 6-90 所示。

STEP 2 打开"发送到 Microsoft PowerPoint"对话框（见图 6-91），选择使用的版式，单击"确定"按钮，即可将演示文稿打包成讲义。

图 6-89　打包成 CD

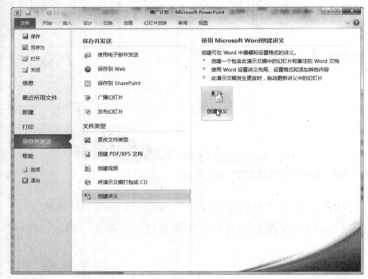

图 6-90　选择"讲义"保存方式

图 6-91　选择讲义样式

6.7.2　演示文稿的打印

在 PowerPoint 2010 中文版中有许多内容可以打印，如幻灯片、讲演者备注等。

1.设置页面

STEP 1 在打印之前，首先要进行页面设置。在"设计"→"页面设置"选项组单击"页面设置"按钮，弹出"页面设置"对话框，如图 6-92 所示，可以在该对话框中设置打印纸张的大小、幻灯片编号的起始值及幻灯片、讲义等的纸张方向。

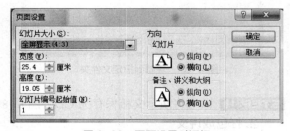

图 6-92　页面设置对话框

STEP 2 页面设置完毕后，单击"文件"→"打印"标签，即可进入打印预览状态，可以根据需要对幻灯片进行打印设置。

2. 彩色打印

STEP 1 单击"文件"→"打印"标签，在右侧单击"灰度"下拉按钮，在下拉菜单中选择"颜色"（见图 6-93），即可进行彩色打印。

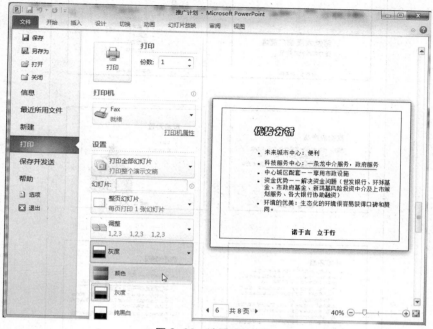

图 6-93　选择彩色打印

3. 打印讲义幻灯片

STEP 1 单击"文件"→"打印"标签，在右侧单击"1 张幻灯片"下拉按钮，在下拉菜单中选择"6 张水平放置的幻灯片"，如图 6-94 所示。

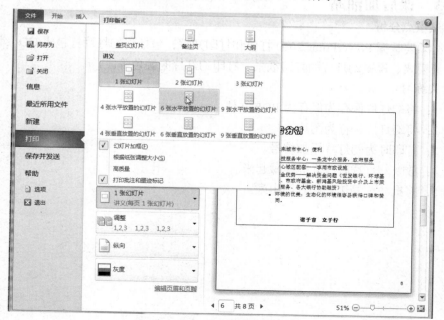

图 6-94　选择一页中的幻灯片数量

STEP 2 在打印预览区域即可看到一页纸张中显示 6 张幻灯片，如图 6-95 所示。

图 6-95　一页纸张中打印 6 张幻灯片

6.7.3　课后加油站

1.考试重点分析

考生必须要掌握 PowerPoint 2010 打包和打印知识，包括将幻灯片打包成 CD、将幻灯片保存为讲义模式、设置幻灯片的打印纸张、打印幻灯片的颜色等。

2.过关练习

练习 1：将幻灯片保存为保存为 PDF 文件。

练习 2：将幻灯片保存为图片。

练习 3：打印时为幻灯片添加编号。

练习 4：放映幻灯片时将光标隐藏起来。

练习 5：将批注和墨迹一起打印出来。

PART 7

第 7 章
因特网络基础知识与应用

7.1　计算机网络概述

计算机网络是计算机技术和通信技术紧密结合的产物。计算机网络在社会和经济发展中起着非常重要的作用，已经渗透到人们生活的各个角落，影响着人们的生活。计算机网络的发展水平不仅反映了一个国家的计算机和通信技术的水平，而且已成为衡量其国力及现代化程度的主要标志之一。

7.1.1　计算机网络的定义

所谓计算机网络，是利用通信线路（通信介质）和通信设备，将分布在不同地理位置的具有独立功能的多台计算机连接起来，按照网络协议进行数据通信，以达到计算机之间可以相互通信，共享资源的目的。

这里所指"通信线路"包括有线的通信线路和无线的通信线路，有线的通信介质是指双绞线、同轴电缆、和光纤等，无线的通信介质通常指微波、红外线、无线电、激光、卫星等。而"独立"是指每台计算机的工作是独立的，任何一台计算机都不能干预其他计算机的工作。

7.1.2　计算机网络的发展

计算机网络起源于 20 世纪 60 年代的美国，原本用于军事通信，后逐渐进入民用，经过几十年不断地发展和完善，现已广泛应用于各个领域，并正以高速向前迈进。

现在，计算机通信网络及 Internet 已成为我们社会结构的一个基本组成部分。网络被应用于工商业的各个方面，包括电子银行、电子商务、现代化的企业管理、信息服务业等都以计算机网络系统为基础。从学校远程教育到政府日常办公乃至现在的电子社区，很多方面都离不开网络技术。毫不夸张地说，网络在当今世界无处不在。随着计算机网络技术的蓬勃发展，计算机网络的发展大致可划分为 4 个阶段。

1. 诞生阶段：以单计算机为中心的联机终端系统

在 20 世纪 50 年代以前，因为计算机主机相当昂贵，而通信线路和通信设备相对便宜，为了共享计算机主机资源和进行信息的综合处理，形成了第一代的以单主机为中心的联机终端系统。

在第一代计算机网络中，所有的终端共享主机资源，终端到主机都单独占一条线路，使得线路利用率低，而且主机既要负责通信又要负责数据处理，因此主机的效率低，这种网络组织形式是集中控制形式，可靠性也较低。如果主机出问题，所有终端都被迫停止工作。面对这样的情况，当时人们提出这样的改进方法，就是在远程终端聚集的地方设置一个终端集中器，把所有的终端聚集到终端集中器，而且终端到集中器之间是低速线路，而终端到主机是高速线路，这样使得主机只要负责数据处理而不要负责通信工作，大大提高了主机的利用率。

2.形成阶段：以通信子网为中心的主机互联

随着计算机网络技术的发展，到 20 世纪 60 年代中期，计算机网络不再局限于单计算机网络，许多单计算机网络相互连接形成了有多个单主机系统相连接的计算机网络。这样连接起来的计算机网络体系有两个特点：

① 多个终端联机系统互联，形成了多主机互联网络；

② 网络结构体系由主机到终端变为主机到主机。

后来这样的计算机网络体系在慢慢向两种形式演变。第一种就是把主机的通信任务从主机中分离出来，由专门的 CCP（通信控制处理机）来完成，CCP 组成了一个单独的网络体系，我们称它为通信子网，而在通信子网连基础上接起来的计算机主机和终端则形成了资源子网，导致两层结构体现出现。第二种就是通信子网规模逐渐扩大，成为社会公用的计算机网络，原来的 CCP 成为了公共数据通用网。

3.互通阶段

20 世纪 70 年代末至 90 年代的第三代计算机网络，是具有统一的网络体系结构并遵循国际标准的开放式和标准化的网络。ARPANET 兴起后，计算机网络发展迅猛，各大计算机公司相继推出自己的网络体系结构及实现这些结构的软硬件产品。由于没有统一的标准，不同厂商的产品之间互联很困难，人们迫切需要一种开放性的标准化实用网络环境，这样应运而生了两种国际通用的最重要的体系结构，即 TCP/IP 体系结构和国际标准化组织的 OSI 体系结构。

4.高速网络技术阶段

20 世纪 90 年代末至今的第四代计算机网络，由于局域网技术发展成熟，出现光纤及高速网络技术、多媒体网络、智能网络，整个网络就像一个对用户透明的大的计算机系统，发展为以 Internet 为代表的互联网。

随着计算机网络技术的飞速发展，计算机网络的逐渐普及，各种计算机网络怎么连接起来就显得相当的复杂，因此需要把计算机网络形成一个统一的标准，使之更好的连接，因为网络体系结构标准化就显得相当重要，在这样的背景下形成了体系结构标准化的计算机网络。

使计算机结构标准化有两个原因：第一个就是为了使不同设备之间的兼容性和互操作性更加紧密；第二个就是因为体系结构标准化是为了更好的实现计算机网络的资源共享，所以计算机网络体系结构标准化具有相当重要的作用。

7.1.3　计算机网络的软硬件及其组成

1.计算机网络硬件系统

硬件是计算机网络的基础，硬件系统由计算机、通信设备、连接设备及辅助设备组成。下面介绍几种常用的网络设备。

（1）服务器

服务器是一台运算速度快、存储容量大的计算机，它是网络资源的提供者。在局域网中，服务器多工作站进行管理并提供服务，是局域网系统的核心。通常，服务器需要专门的技术人员对其进行管理和维护，以保证整个网络的正常运行。

（2）工作站

工作站是一台台各种型号的计算机。它是用户向服务器申请服务的终端设备，随时向服务器索取各种信息及数据，请求服务器提供各种服务（比如传输文件、打印文件等）。

（3）网络适配器

网络适配器也称为网络接口卡，简称网卡。网卡的作用就是将计算机和通信设备相连接，进而进行数据传输。

（4）传输介质

局域网中常见的传输介质有双绞线、同轴电缆和光纤。

① 双绞线是目前 LAN 中应用最多的介质，通常由 4 组（8 根）绞线外加绝缘外层组成。双绞线中既可以传输模拟信号，也可以传输数字信号。双绞线分为屏蔽双绞线（STP）和非屏蔽双绞线（UTP），如图 7-1 和图 7-2 所示。

图 7-1　双绞线的内部结构

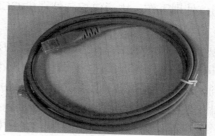

图 7-2　做好的双绞线

② 同轴电缆可以分为基带同轴电缆和宽带同轴电缆两种。其中基带同轴电缆只用于传输数字信号。

③ 光纤利用光的发射原理，传送经过模拟信号和数字信号调制以后的光信号。光纤最大的特点就是其高速率、宽频带、低损耗、低误码率、保密性好、重量轻等，成为骨干网络中的首选传输介质。

（5）网络互连设备

① 集线器（HUB）。集线器是局域网中使用的连接设备，它具有多个端口，可以连接多台计算机。在局域网中常以集线器为中心，将所有分散的工作站与服务器连接在一起，形成星形拓扑结构的局域网系统。

② 网桥（Bridge）。网桥也是局域网中的连接设备。在局域网中的每一条通信线路的长度和连接的设备数都是有最大限度的，网桥的作用就是扩展网络的距离，减轻网络的负载。

③ 路由器（Router）。路由器是互联网中的连接设备。

④ 网关（Gate Way）。网关又称为网间协议转化器。

⑤ 交换机（Switch）。交换机功能类似于集线器。

⑥ 调制解调器（Modem）。调制解调器俗称"猫"，是一种信号转换装置，它可以把计算机的数字信号"调制"成通信线路的模拟信号，再将通信线路上的模拟信号"解调"回计算机的数字信号。

2.计算机网络软件系统

（1）网络系统软件

网络中的系统软件包括网络操作系统、网络协议及网关软件。

网络操作系统：包括 Windows NT 系统、UNIX 系统、Netware 系统。

网络协议：保证网络中两台设备之间正确传输数据的一组规则、标准或约定的集合。

网关软件：网络协议的转换软件。解决由于网络协议不同而造成两个网络之间不能正常通信的问题。

（2）网络应用软件

网络应用软件是指能够为网络用户提供各种服务的软件。例如：浏览器软件、传输软件、远程登录软件、电子邮件软件等。

3. 计算机网络的组成

计算机网络是一个十分复杂的系统，在逻辑上可以分为完成数据通信的通信子网和进行数据处理的资源子网两个部分。

（1）通信子网

通信子网提供网络通信的功能，能完成网络主机之间的数据传输、交换、通信控制和信号变换等通信处理工作，由通信控制处理机 CCP、通信线路和其他通信设备组成数据通信系统。

（2）资源子网

资源子网为用户提供了访问网络的能力，它由主机系统、终端控制器、请求服务的用户终端、通信子网的接口设备、提供共享的软件资源和数据资源构成。它负责网络的数据处理业务，向网络用户提供各种网络资源和网络服务。

总体来说，计算机网络的组成基本上包括：计算机、网络操作系统、传输介质（可以是有形的，也可以是无形的，如无线网络的传输介质就是空气）及相应的应用软件 4 部分。

7.1.4 计算机网络的分类

计算机网络网络类型的划分标准各种各样，但是从地理范围划分是一种大家都认可的。按这种标准可以把各种网络类型划分为局域网、城域网、广域网和无线网 4 种。

1. 局域网

局域网（Local Area Network，LAN），通常我们常见的"LAN"就是指局域网。所谓局域网，就是在局部地区范围内的网络，它所覆盖的地区范围较小，是我们最常见、应用最广的一种网络。

局域网随着整个计算机网络技术的发展和提高得到充分的应用和普及，几乎每个单位都有自己的局域网，有的甚至家庭中都有自己的小型局域网。局域网在计算机数量配置上没有太多的限制，少的可以只有两台，多的可达几百台。一般来说在企业局域网中，工作站的数量在几十到两百台次左右。在网络所涉及的地理距离上一般来说可以是几米至 10 千米。局域网一般位于一个建筑物或一个单位内，不存在寻径问题，不包括网络层的应用。

局域网的特点：

① 连接范围窄；

② 用户数少；

③ 配置容易；

④ 连接速率高。IEEE 的 802 标准委员会定义了多种主要的 LAN 网：以太网（Ethernet）、令牌环网（Token Ring）、光纤分布式接口网络（FDDI）、异步传输模式网（ATM）和最新的无线局域网（WLAN）。

2. 城域网

城域网（Metropolitan Area Network，MAN），这种网络一般来说是在一个城市，但不在同一地理小区范围内的计算机互联。这种网络的连接距离可以在 10 ~ 100 千米，它采用的是

IEEE802.6 标准。MAN 与 LAN 相比扩展的距离更长，连接的计算机数量更多，在地理范围上可以说是 LAN 网络的延伸。在一个大型城市或都市地区，一个 MAN 网络通常连接着多个 LAN 网，如连接政府机构的 LAN、医院的 LAN、电信的 LAN、公司企业的 LAN 等。光纤连接的引入，使 MAN 中高速的 LAN 互连成为可能。

城域网多采用 ATM 技术做骨干网。ATM 是一个用于数据、语音、视频及多媒体应用程序的高速网络传输方法。ATM 包括一个接口和一个协议，该协议能够在一个常规的传输信道上，在比特率不变及变化的通信量之间进行切换。ATM 也包括硬件、软件以及与 ATM 协议标准一致的介质。ATM 提供一个可伸缩的主干基础设施，以便能够适应不同规模、速度以及寻址技术的网络。ATM 的最大缺点就是成本太高，所以一般在政府城域网中应用，如邮政、银行、医院等。

3. 广域网

广域网（Wide Area Network，WAN），这种网络也称为远程网，所覆盖的范围比城域网（MAN）更广，它一般是在不同城市之间的 LAN 或者 MAN 网络互联，地理范围可从几千米里到几千千米。因为距离较远，信息衰减比较严重，所以这种网络一般是要租用专线，通过 IMP（接口信息处理）协议和线路连接起来，构成网状结构，解决寻径问题。这种城域网因为所连接的用户多，总出口带宽有限，所以用户的终端连接速率一般较低，通常为 9.6kbit/s ～ 45Mbit/s，如邮电部的 CHINANET、CHINAPAC 和 CHINADDN 网。

4. 无线网

随着笔记本电脑（notebook computer）和个人数字助理（Personal Digital Assistant，PDA）等便携式计算机的日益普及和发展，人们经常要在路途中接听电话、发送传真和电子邮件阅读网上信息以及登录到远程机器等。然而在汽车或飞机上是不可能通过有线介质与单位的网络相连接的，这时候可能会对无线网感兴趣了。虽然无线网与移动通信经常是联系在一起的，但这两个概念并不完全相同。例如当便携式计算机通过 PCMCIA 卡接入电话插口，它就变成有线网的一部分。另一方面，有些通过无线网连接起来的计算机的位置可能又是固定不变的，如在不便于通过有线电缆连接的大楼之间就可以通过无线网将两栋大楼内的计算机连接在一起。

无线网特别是无线局域网有很多优点，如易于安装和使用。但无线局域网也有许多不足之处：如它的数据传输率一般比较低，远低于有线局域网；另外无线局域网的误码率也比较高，而且站点之间相互干扰比较厉害。

无线网的实现有不同的方法。国外的某些大学在它们的校园内安装许多天线，允许学生们坐在树底下查看图书馆的资料。这种情况是通过两个计算机之间直接通过无线局域网以数字方式进行通信实现的。另一种方式是利用传统的模拟调制解调器通过蜂窝电话系统进行通信。在国外的许多城市已能提供蜂窝式数字信息分组数据（Cellular Digital Packet Data，CDPD）的业务，因而可以通过 CDPD 系统直接建立无线局域网。

无线网络是当前国内外的研究热点，无线网络的研究是由巨大的市场需求驱动的。无线网的特点是使用户可以在任何时间、任何地点接入计算机网络，而这一特性使其具有强大的应用前景。当前已经出现了许多基于无线网络的产品，如个人通信系统（Personal Communication System，PCS）电话、无线数据终端、便携式可视电话、个人数字助理（PDA）等。无线网络的发展依赖于无线通信技术的支持。无线通信系统主要有：低功率的无绳电话系统、模拟蜂窝系统、数字蜂窝系统、移动卫星系统、无线 LAN 和无线 WAN 等。

7.1.5 计算机网络的拓扑结构

计算机网络的拓扑结构，即是指网上计算机或设备与传输媒介形成的结点与线的物理构成模式。它主要由通信子网决定。计算机网络的拓扑结构主要有：总线型拓扑、星型拓扑、环型拓扑、树型拓扑和混合型拓扑。

1. 总线型拓扑

总线型结构由一条高速公用主干电缆即总线连接若干个结点构成网络。如图 7-3 所示，网络中所有的结点通过总线进行信息的传输。这种结构的特点是结构简单灵活，建网容易，使用方便，性能好。其缺点是主干总线对网络起决定性作用，总线故障将影响整个网络。总线型拓扑是使用最普遍的一种网络。

总线型拓扑结构适用于计算机数目相对较少的局域网络，通常这种局域网络的传输速率在 100Mbit/s，网络连接选用同轴电缆。总线型拓扑结构曾流行了一段时间，典型的总线型局域网有以太网。

2. 星型拓扑

星型拓扑由中央结点集线器与各个结点连接组成。如图 7-4 所示，这种网络各结点必须通过中央结点才能实现通信。星型结构的特点是结构简单、建网容易，便于控制和管理。其缺点是中央结点负担较重，容易形成系统的"瓶颈"，线路的利用率也不高。

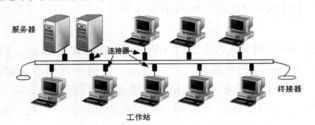

图 7-3 总线型拓扑结构

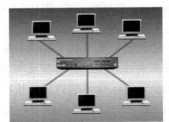

图 7-4 星型拓扑结构

3. 环型拓扑

环型拓扑由各结点首尾相连形成一个闭合环型线路。如图 7-5 所示，环型网络中的信息传送是单向的，即沿一个方向从一个结点传到另一个结点；每个结点需安装中继器，以接收、放大、发送信号。这种结构的特点是结构简单，建网容易，便于管理。其缺点是当结点过多时，将影响传输效率，不利于扩充。

4. 树型拓扑

树型拓扑是一种分级结构。如图 7-6 所示，在树型结构的网络中，任意两个结点之间不产生回路，每条通路都支持双向传输。这种结构的特点是扩充方便、灵活，成本低，易推广，适合于分主次或分等级的层次型管理系统。

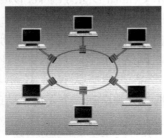

图 7-5 环型拓扑结构

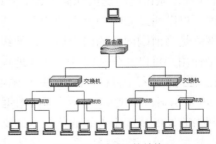

图 7-6 树型拓扑结构

5. 混合型拓扑

混合型拓扑是星型结构和总线型结构的网络结合在一起的网络结构，这样的拓扑结构更能满足较大网络的拓展，解决星型网络在传输距离上的局限，而同时又解决了总线型网络在连接用户数量的限制。这种网络拓扑结构同时兼顾了星型网与总线型网络的优点，在缺点方面得到了一定的弥补。

混合型拓扑结构有如下特点。

① 应用相当广泛：因它解决了星型和总线型拓扑结构的不足，满足了大公司组网的实际需求。

② 扩展相当灵活：继承了星型拓扑结构的优点。但由于仍采用广播式的消息传送方式，所以在总线长度和节点数量上也会受到限制，不过在局域网中不会存在太大的问题。

③ 同样具有总线型网络结构的网络速率会随着用户的增多而下降的弱点。

④ 较难维护：因为受到总线型网络拓扑结构的制约，如果总线断，则整个网络也就瘫痪了，但是如果是分支网段出了故障，则仍不影响整个网络的正常运作。另外，整个网络非常复杂，维护起来不容易。

⑤ 速度较快：因为其骨干网采用高速的同轴电缆或光缆，所以整个网络在速度上应不受太多的限制。

7.1.6 课后加油站

1. 考试重点分析

考生必须要掌握计算机网络概念、计算机网络的组成和计算机网络的分类，掌握网络拓扑结构。

2. 过关练习

练习1：什么是计算机网络？

练习2：计算机网络分为哪几个阶段？

练习3：简述计算机网络的组成。

练习4：简述计算机网络的分类。

练习5：什么是局域网？

练习6：什么是计算机网络拓扑结构？

练习7：计算机网络的拓扑结构有哪几种？

7.2 数据通信

7.2.1 通信系统的组成

通信是从一地向另一地传递和交换信息。

实现信息传递所需的一切技术设备和传输媒体的总和称为通信系统。基于点与点之间的通信系统的组成可用图7-7来描述。

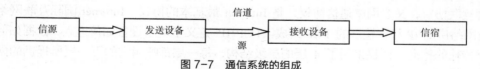

图7-7 通信系统的组成

7.2.2　通信方式

按消息传递的方向与时间关系，对于点与点之间的通信方式可分为单工、半双工和全双工通信三种，如图 7-8 所示。

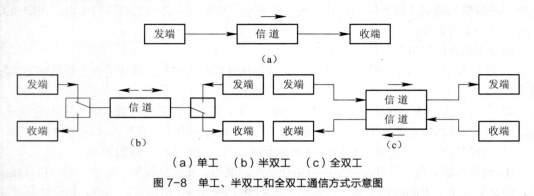

（a）单工　（b）半双工　（c）全双工

图 7-8　单工、半双工和全双工通信方式示意图

单工通信——消息只能单方向传输的工作方式，因此只占用一个信道。广播、遥测、遥控、无线寻呼等就是单工通信方式的例子。

半双工通信——通信双方都能收发消息，但不能同时进行收和发的工作方式。例如，使用同一载频的对讲机、收发报机，以及问询、检索、科学计算等数据通信都是半双工通信方式。

全双工通信——通信双方可同时进行收发消息的工作方式，一般情况全双工通信的信道必须是双向信道。普通电话、手机都是最常见的全双工通信方式，计算机之间的高速数据通信也是这种方式。

7.3　Internet 的基本概念

Internet 是由一些使用公用语言互相通信的计算机连接而成的全球网络，即广域网、城域网、局域网及单机按照一定的通信协议组成的国际计算机网络。

7.3.1　什么是 Internet

Internet 是指将两台或者两台以上的计算机终端、客户端、服务端通过计算机信息技术的手段互相联系起来的结果，人们可以与远在千里之外的朋友相互发送邮件、共同完成一项工作、共同娱乐。同时，Internet 还是物联网的重要组成部分，根据中国物联网校企联盟的定义，物联网是当下几乎所有技术与计算机互联网技术的结合，让信息更快更准得收集、传递、处理并执行。

Internet 是一种公用信息的载体，这种大众传媒比以往的任何一种通信媒体都要快。

7.3.2　TCP/IP 地址

Tcp/IP 是 Transmission Control Protocol/Internet Protocol 的简写，中译名为传输控制协议/因特网互联协议，又名网络通信协议，是 Internet 最基本的协议、Internet 国际互联网络的基础，由网络层的 IP 和传输层的 TCP 组成。TCP/IP 定义了电子设备如何连入、数据如何在它们之间传输的标准。协议采用了 4 层的层级结构，每一层都呼叫它的下一层所提供的网络来完成自己的需求。

通俗而言，TCP 负责发现传输的问题，一有问题就发出信号，要求重新传输，直到所有数据安全正确地传输到目的地。而 IP 是给 Internet 的每一台电脑规定一个地址。

IP 地址是一个 32 位（Bit）的二进制数，每 8 位为一组，写成由圆点"."隔开的 4 位十进制数，每个数的范围为 0～255。IP 地址又可分为 IPv4 和 IPv6。

7.3.3 IPv4/IPv6 协议

1. IPv4

目前的全球 Internet 所采用的协议族是 TCP/IP 协议族。IP 是 TCP/IP 协议族中网络层的协议，是 TCP/IP 协议族的核心协议。

IPv4，是 Internet 协议（Internet Protocol，IP）的第四版，也是第一个被广泛使用，构成现今 Internet 技术的基石的协议。1981 年 Jon Postel 在 RFC791 中定义了 IP，IPv4 可以运行在各种各样的底层网络上，比如端对端的串行数据链路（PPP 协议和 SLIP 协议），卫星链路等。

IPv4 中规定 IP 地址长度为 32（按 TCP/IP 参考模型划分），即有 $2^{32}-1$ 个地址，也就是最多有 2^{32} 台电脑可以联接到 Internet 上。目前 IP 的版本号是 4（简称为 IPv4），它的下一个版本就是 IPv6。

目前基于 IPv4 的网络难以实现网络实名制，一个重要原因就是因为 IP 资源的共用，因为 IP 资源不够，所以不同的人在不同的时间段共用一个 IP，IP 和上网用户无法实现一一对应。而 IPv6 的普及将改变现状，因为 IPv6 一个重要的应用将是实现网络实名制下的互联网身份证/VIeID。

在 IPv4 下，现在根据 IP 查人也比较麻烦，电信局要保留一段时间的上网日志才行，通常因为数据量很大，运营商只保留三个月左右的上网日志，比如查前年某个 IP 发帖子的用户就不能实现。

2. IPv6

IPv6 是 Internet Protocol Version 6 的缩写，其中 Internet Protocol 译为"互联网协议"。IPv6 是 IETF（互联网工程任务组，Internet Engineering Task Force）设计的用于替代现行版本 IP（IPv4）的下一代 IP。

与 IPV4 相比，IPV6 具有以下几个优势。

① IPv6 具有更大的地址空间。IPv4 中规定 IP 地址长度为 32，最大地址个数为 2^{32}；而 IPv6 中 IP 地址的长度为 128，即最大地址个数为 2^{128}。与 32 位地址空间相比，其地址空间增加了（$2^{128}-2^{32}$）个。

② IPv6 使用更小的路由表。IPv6 的地址分配一开始就遵循聚类（Aggregation）的原则，这使得路由器能在路由表中用一条记录（Entry）表示一片子网，大大减小了路由器中路由表的长度，提高了路由器转发数据包的速度。

③ IPv6 增加了增强的组播（Multicast）支持及对流的控制（Flow Control），这使得网络上的多媒体应用有了长足发展的机会，为服务质量（QoS，Quality of Service）控制提供了良好的网络平台。

④ IPv6 加入了对自动配置（Auto Configuration）的支持。这是对 DHCP 协议的改进和扩展，使得网络（尤其是局域网）的管理更加方便和快捷。

⑤ IPv6 具有更高的安全性。在使用 IPv6 网络中用户可以对网络层的数据进行加密并对 IP 报文进行校验，在 IPv6 中的加密与鉴别选项提供了分组的保密性与完整性，极大地增强了

网络的安全性。

⑥ 允许扩充。如果新的技术或应用需要时，IPv6 允许协议进行扩充。

⑦ 更好的头部格式。IPv6 使用新的头部格式，其选项与基本头部分开，如果需要，可将选项插入到基本头部与上层数据之间。这就简化和加速了路由选择过程，因为大多数的选项不需要由路由选择。

⑧ 新的选项。IPv6 有一些新的选项来实现附加的功能。

7.3.4 域名与 DNS 的工作原理

域名（Domain Name），是由一串用点分隔的名字组成的 Internet 上某一台计算机或计算机组的名称，用于在数据传输时标识计算机的电子方位（有时也指地理位置）。域名是一个 IP 地址的"面具"。域名是便于记忆和沟通的一组服务器的地址（网站，电子邮件，FTP 等）。

DNS 是域名系统（Domain Name System）的缩写，是 Internet 的一项核心服务，它作为可以将域名和 IP 地址相互映射的一个分布式数据库，能够使人更方便地访问互联网，而不用去记住能够被机器直接读取的 IP 数串。域名必须对应一个 IP 地址，而 IP 地址不一定只对应一个域。

域名的组成：一个完整的域名由两个或两个以上部分组成，各部分之间用英文的句号"."来分隔，最后一个"."的右边部分称为顶级域名，最后一个"."的左边部分称为二级域名，二级域名的左边部分称为三级域名，以此类推，每一级的域名控制它下一级域名的分配。

其一般格式是：计算机名. 组织机构名. 二级域名. 顶级域名

如 http://www.baidu.com

每个 IP 可以有一个或多个域名，一个域名只能对应一个 IP。

常用的组织性顶级域名有：com（商业部门）、mil（军事部门）、edu（教育部门）、net（大型网络）、gov（政府机构）、org（组织机构）。

域名系统采用类似目录树的等级结构。域名服务器为客户机/服务器模式中的服务器方，它主要有两种形式：主服务器和转发服务器。在 Internet 上域名与 IP 地址之间是一对一（或者多对一）的，也可采用 DNS 轮询实现一对多。域名虽然便于人们记忆，但机器之间只识别 IP 地址，它们之间的转换工作称为域名解析。域名注册查询需要由专门的域名解析服务器来完成，DNS 就是进行域名解析的服务器。DNS 命名用于 Internet 的 TCP/IP 网络中，通过用户友好的名称查找计算机和服务。当用户在应用程序中输入 DNS 名称时，DNS 服务可以将此名称解析为与之相关的其他信息，如 IP 地址。因为在上网时输入的网址，是通过域名解析系统解析找到相对应的 IP 地址，打开网页。其实，域名的最终指向是 IP。DNS 解析是一个树形结构，当前请求的服务器请求不了就把它提交给它的上级服务器，一直到成功解析。

7.3.5 课后加油站

1. 考试重点分析
考生必须要掌握网络的含义、IPv4、IPv6、域名和 DNS。

2. 过关练习
练习 1：什么是互联网？

练习 2：什么是 IPv4？

练习 3：什么是 IPv6？

练习 4：IPv4 有多少个地址？

练习 5：与 IPv4 相比，IPv6 有哪些几个优势？

练习 6：什么是域名？

练习 7：DNS 是什么？

练习 8：Internet 实现了分布在世界各地的各类网络的互联，其最基础和核心的协议是什么？

练习 9：有一域名为 bit.edu.cn，根据域名代码的规定，此域名表示什么机构？

练习 10：域名 MH.BIT.EDU.CN 中主机名是什么？

练习 11：Internet 中，主机的域名和主机的 IP 地址两者之间的关系是什么？

7.4 Internet 的接入技术

7.4.1 接入 Internet 常用方法概述

在接入网中，目前可供选择的接入方式主要有拨号接入、局域网接入、ISDN 拨号接入、ADSL 接入、有线电视网接入和无线电视网接入等，它们各有各的优缺点。

7.4.2 拨号接入

电话拨号接入即 Modem 拨号接入，是指将已有的电话线路，通过安装在计算机上的 Modem（调制解调器，俗称"猫"）拨号连接到 Internet 服务提供商（ISP）从而享受 Internet 服务的一种上网接入方式。

拨号接入有以下特点：

① 安装和配置简单，一次性投入较低；

② 上网传输速率较低，质量较差，但上网费用较高；

③ 上网时，电话线路被占用，电话线不能拨打或接听。

7.4.3 局域网接入

通常情况下，校园的网络中心给用户分配计算机入网的参数，具体包括：IP 地址、子网掩码、默认网关、DNS 等。

局域网接入需要：

① 安装网卡；

③ 配置 TCP/IP 参数。

7.4.4 ISDN 拨号接入

ISDN（Integrated Service Digital Network，综合业务数字网）接入技术俗称"一线通"，它采用数字传输和数字交换技术，将电话、传真、数据、图像等多种业务综合在一个统一的数字网络中进行传输和处理。用户利用一条 ISDN 用户线路，可以在上网的同时拨打电话、收发传真，就像两条电话线一样。ISDN 基本速率接口有两条 64kbit/s 的信息通路和一条 16kbit/s 的信令通路，简称 2B+D，当有电话拨入时，它会自动释放一个 B 信道来进行电话接听。

像普通拨号上网要使用 Modem 一样，用户使用 ISDN 也需要专用的终端设备，主要由网络终端 NT1 和 ISDN 适配器组成。网络终端 NT1 好像有线电视上的用户接入盒一样必不可少，它为 ISDN 适配器提供接口和接入方式。ISDN 适配器和 Modem 一样又分为内置和外置两类，内置的一般称为 ISDN 内置卡或 ISDN 适配卡，外置的 ISDN 适配器则称为 TA。

7.4.5　ADSL 接入

ADSL 是英文 Asymmetrical Digital Subscriber Loop（非对称数字用户环路）的英文缩写。ADSL 技术是运行在原有普通电话线上的一种新的高速宽带技术，它利用现有的一对电话铜线，为用户提供上下行非对称的传输速率（带宽）。

非对称主要体现在上行速率（最高 640kbit/s）和下行速率（最高 8Mbit/s）的非对称性上。上行（从用户到网络）为低速的传输，可达 640kbit/s；下行（从网络到用户）为高速传输，可达 8Mbit/s。它最初主要是针对视频点播业务开发的，随着技术的发展，逐步成为了一种较方便的宽带接入技术，为电信部门所重视。通过网络电视的机顶盒，可以实现许多以前在低速率下无法实现的网络应用。

ADSL 是目前 DSL 技术系列中最适合宽带上网的技术，因为 ADSL 上下行速率的非对称特性、能提供的速率及传输距离特别符合现阶段 Internet 接入的要求，而且能与普通电话共用接入线；ADSL 的标准化很完善，产品的互通性很好，价格也在大幅下降，而且 ADSL 接入能提供 QoS、确保用户独享一定的带宽。

7.4.6　有线电视网接入

有线电视网是利用光缆或同轴电缆来传送广播电视信号或本地播放的电视信号的网络，高效廉价的综合网络，具有频带宽、容量大、多功能、成本低、抗干扰能力强、支持多种业务连接千家万户的优势，它的发展为信息高速公路的发展奠定了基础。

有线网络未来的发展与其业务内容的丰富有着密切的关系，通常我们把有线电视网络的业务分为三大类：基本业务、扩展业务、增值业务。

1. 基本业务

基本业务是有线电视网络的传统业务，包括了公共广播电视频道节目的信号传输、新装用户的安装服务和卫星节目落地服务等。其收入包括初装费、节目收视费、节目传输维护费、广告费、增加传输频道费等。目前，基本业务收入（主要是电视节目的收视费）是我国有线电视网收入的主要部分。

2. 扩展业务

扩展业务是有线网在电视节目服务方面进一步开发而带来的业务，包括专业频道、数据广播、视频点播（VOD）等。这些业务虽然仍围绕着电视，但服务的对象却是特定的观众，观众从单纯的被动接收节目变为具有一定的选择性，这类业务的收费标准较基本业务要高得多。

（1）专业频道

专业频道是对电视用户的收视需求进行细分，并针对用户细分的需求专门提供某一类节目的电视频道。有线电视网络具有 750M 的入户带宽，可以同时传输 60 套以上模拟电视节目或 300 套数字电视节目，这为有线电视网络提供大量的专业频道节目带来了可能。在美英等发达国家，有线电视公司除了为社会提供少量综合电视节目之外，还为社会提供大量体育、金融、教育、娱乐等其他类型节目，并单独收费，其收入规模十分巨大。比如美国有线电视的基本业务提供二十几个频道，每月收费 19 美元左右，其他的专业频道有几百个，用户根据自己需要定若干个专业频道，平均每户月消费 30 多美元，专业频道收费在总量上达基本业务收费的两倍。

（2）视频点播（VOD）

目前，我们在有线电视网上收看到的节目都是由电视台播放的，电视台播放什么，我们就能看什么，观众除了在选台方面略有自由外，在节目的选择上是没有自由的。然而，视频点播业务的开通，将完全改变这一局面，观众可以通过视频点播系统，将自己选看的节目上传到播控中心，播控中心再将用户所选中的节目播放出来，这种崭新的视频业务可以灵活地满足用户个性化的需求，未来发展空间极大。

（3）高速数据广播

高速数据广播是利用现有的有线电视网，通过单向数据广播的方式，下行传输各类信息（电子报刊、教学信息、股市行情、互联网信息等），传输速率高达 2Mbps，系统提供商可租用专用卫星信道覆盖全国，实现规模经济。开展此项业务，有线电视网络无需改造，可以充分利用现有的网络资源，用户端接入成本低，并且信息费用低廉，普通用户完全能够承受，该业务现已在各地有线电视台广泛开展。

3. 增值业务

增值业务属于有线网上开发的多功能业务，包括 Internet 接入、IP 电话、电视会议、带宽出租、电视商务等。这些新业务将使有线网的服务内容由电视拓宽到语音与数据通信、金融、教育等领域，大大拓展了有线网络的业务发展空间。目前，有线网的增值业务在各地区还处于开发试验的阶段，收入还极少，但其未来的潜力却是难以估量的。

（1）Internet 宽带接入

随着 Internet 和企业广域网的迅猛发展，人们对于网络的依赖性不断增强，对网络的带宽和接入服务速度的要求也不断提高。有线电视网络在进行双向改造之后，可以通过 Cable Modem 提供上行速率达 10M、下行速率达 36M、24 小时在线的廉价 Internet 接入服务或高速以太网接入服务。目前，利用 Cable Modem 通过有线电视网络进行接入是宽带市场占有率最高的接入方式，在全球宽带接入市场上占 45%以上的份额（另一种主要宽带接入技术是 XDSL 技术）。

（2）IP 电话

在有线电视网络升级改造之后，利用 VOIP 技术，可以提供价格十分低廉的 IP 电话服务，使电话的收费降到目前普通电话收费的数十分之一。传统上人们对 Cable 提供话音业务的质量存在担心，但 DOCSIS 技术的发展已大大改善，有线网络对时延较敏感的业务的支持，提高了服务的 Qos（服务品质保证），目前美国许多新的有线电视运营商已可提供电信级的话音服务。未来该业务将对电信的基于电路交换的电话业务产生较大冲击，但有望成为有线网络的一个重要收入来源。

（3）电视商务

电视作为当今最重要的信息媒体之一，一旦与金融机构和企业联网，就具备了开展商务的初步条件。与电子商务相比，电视商务更具有现实可行性，具备更大的发展空间，诸多咨询机构预测十年之内，电视商务将成为万亿级的产业。中国拥有世界最大的有线电视网络和最多的有线电视用户，在开展电视商务方面具有得天独厚的条件，十年内这一业务的收入预计也将达到千亿以上。

（4）视频会议

利用有线电视网络，通过专门信道及录放设备，可以提供声音和图像非常流畅的视频会议，实现多点之间有效地实时交流，达到传统技术下无法实现的沟通效果。

除了以上业务之外，有线电视网络的增值业务还包括远程教育、远程医疗、远程证券交易、电子自动化抄表和家庭保安监控、电视游戏等，这些业务未来也有巨大的发展空间。

7.4.7　无线电视网接入

无线网络数字电视是采用数字电视技术，通过无线发射、地面接收的方法进行电视节目传播。目前移动数字电视便是无线网络数字电视系统的应用，在任何安装了接收装置的巴士、轨道交通等移动载体都能收看到清晰的电视画面。

7.4.8　Internet 的服务功能

Internet 提供的服务功能有：

① 万维网 www（world wide web）；

② 文件传输协议 FTP（File Transfer protocol）；

③ 文件搜索系统；

④ 电子邮件 E-mail；

⑤ 电子布告栏 BBS；

⑥ 网络新闻组；

⑦ 网络会议；

⑧ 远程登录（Telnet）；

⑨ 网上 IP 电话。

7.4.9　课后加油站

1. 考试重点分析

考生必须要掌握网络的接入方式，重点掌握拨号接入、局域网接入、ADSL 接入、有线电视网接入和无线电视网接入。

2. 过关练习

练习 1：什么是电话拨号接入？

练习 2：拨号接入的特点有哪些？

练习 3：局域网接入需要哪些工作？

练习 4：计算机的主要类型有哪些？

练习 5：ISDN 是什么？

练习 6：简述 ADSL 接入。

练习 7：简述有线电视网。

练习 8：有线电视网的业务分为哪几类？